普通高等教育"十三五"规划教材

机械制图与计算机绘图习题集

（第3版）

王建华　郝育新　主编

国防工业出版社

·北京·

内 容 简 介

本书是普通高等教育“十三五”规划教材《机械制图与计算机绘图(第3版)》(王建华、郝育新主编)的配套用书。

本次修订是在第2版的基础上,根据教育部高等学校工程图学课程教学指导委员会2015年5月制订的《高等学校工程图学课程教学基本要求》及最新颁布的《技术制图》《机械制图》国家标准,并在保持第2版风格、改正错误、调整个别章节、精选题目、完善体系的基础上编写而成,其编排顺序与教材一致。

本书的内容包括:机械制图的基本知识,投影基础,基本体的投影,组合体,轴测图,图样画法,标准件和常用件,零件图,装配图,计算机绘图。

本书既可作为高等工科院校机械类、近机类各专业相关课程的教材,也可作为其他相关专业或继续教育、职工大学等同类课程的教材。

图书在版编目(CIP)数据

机械制图与计算机绘图习题集/王建华,郝育新编.
—3版.—北京:国防工业出版社,2016.9
ISBN 978-7-118-11075-3

Ⅰ.①机… Ⅱ.①王… ②郝… Ⅲ.①机械制图—高等学校—习题集②计算机制图—高等学校—习题集 Ⅳ.①TH126-44

中国版本图书馆CIP数据核字(2016)第203914号

※

国防工业出版社出版发行
(北京市海淀区紫竹院南路23号 邮政编码100048)
天利华印刷装订有限公司印刷
新华书店经售

*

开本 787×1092 1/8 印张 12½ 字数 330千字
2016年9月第1版第1次印刷 印数 1—4000册 定价 29.00元

(本书如有印装错误,我社负责调换)
国防书店:(010)88540777 发行邮购:(010)88540776
发行传真:(010)88540755 发行业务:(010)88540717

前　言

本书是《机械制图与计算机绘图(第3版)》(王建华、郝育新主编)的配套用书,本书自2004年出版以来,被多所高等院校使用,受到读者和专家好评。

本修订版根据教育部高等学校工程图学课程教学指导委员会2015年5月制订的“高等学校工程图学课程教学基本要求”及最新颁布的《技术制图》《机械制图》国家标准,在保持原版风格、改正错误、调整个别章节、完善体系的基础上编写而成。由北京市优秀教学团队、北京市精品课程“工程制图”的主讲教授和骨干教师担任主编。针对技术基础学科的特点,其编排顺序与教材一致,题目内容全面,由浅入深,是结合多年的教学经验而精心挑选的,具有典型性、代表性和多样性,数量、难度适中,并留有挑选的余地,可根据教学要求进行选择。

本书由王建华、郝育新任主编,刘令涛、戴丽萍任副主编,参加编写工作的有:王建华(负责编写前言、目录、第5章、第8章、第9章),郝育新(负责编写第1章、第4章、第6章),杨莉(负责编写第2章),吕梅(负责编写第3章),戴丽萍(负责编写第7章),刘令涛(负责编写第10章)。

本书在修订和编写过程中还得到了许多同仁、读者的支持和帮助,毕万全、李晓民、张志红老师曾为本书的前期工作做出了突出贡献,在此表示衷心的感谢。

由于编者水平有限,书中难免有疏漏和差错,敬请读者批评指正。

编者

目　录

1.1　字体练习　　　　班级　　　　姓名　　　　学号

字体工整笔画清楚间隔均匀排列整齐学

钻孔深螺母轴承垫圈弹簧销钉键齿轮阀

机械制图标准校核审定比例件数材料姓

车铣钻热处理调质硬度淬火其余全部回

名班级日期序号名称学校备注技术要求

铰弧未圆角第张盘支架手柄端盖套锥度

钢铸铁铝铜旋转箱体零件盖倒角热处理

局部视图向厚重明细表焊接全部装配均

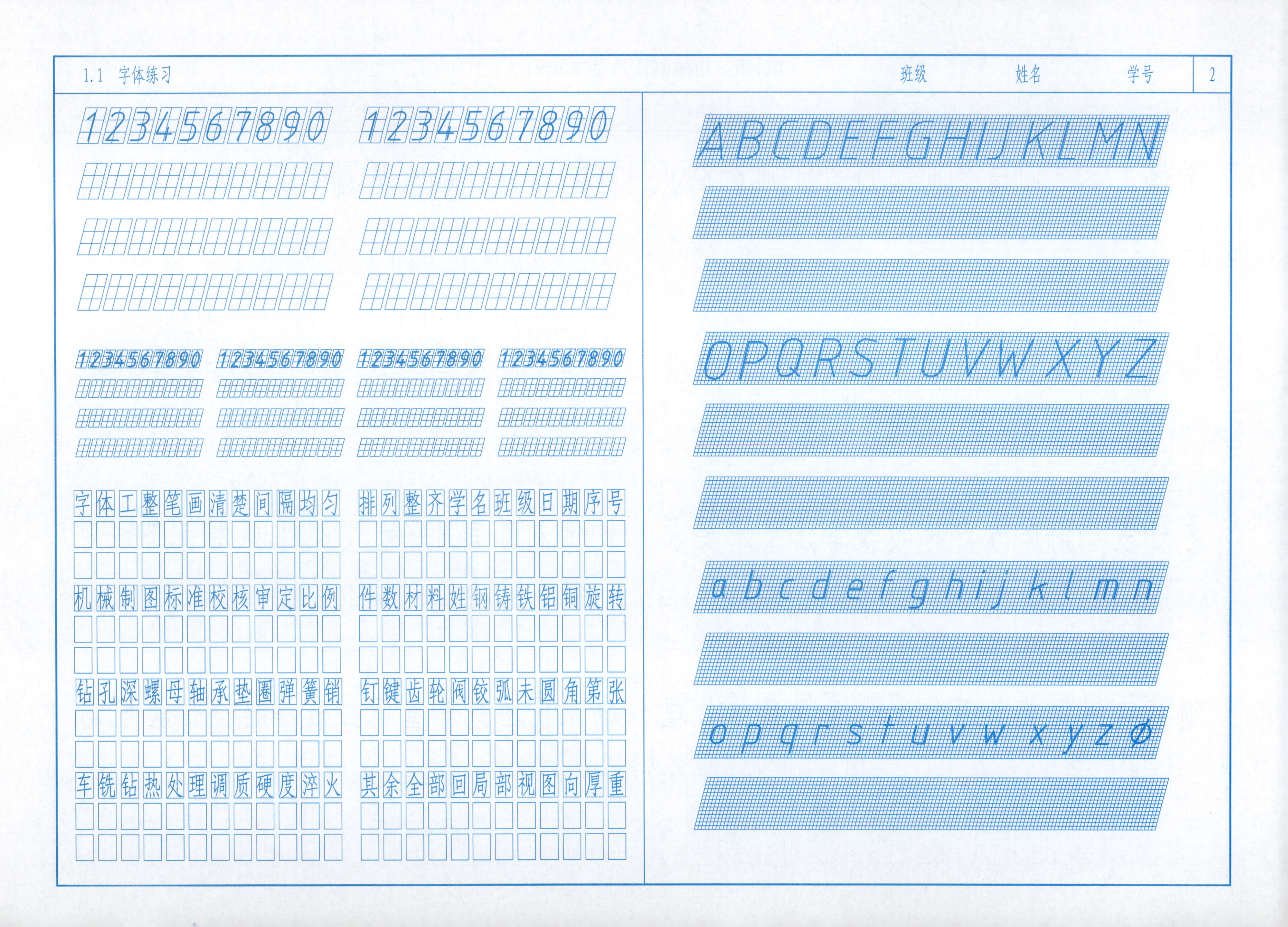
1234567890 1234567890
1234567890 1234567890 1234567890 1234567890
字体工整笔画清楚间隔均匀 排列整齐学名班级日期序号
机械制图标准校核审定比例 件数材料姓钢铸铁铝铜旋转
钻孔深螺母轴承垫圈弹簧销 钉键齿轮阀铰弧未圆角第张
车铣钻热处理调质硬度淬火 其余全部回局部视图向厚重
ABCDEFGHIJKLMN
OPQRSTUVWXYZ
abcdefghijklmn
opqrstuvwxyzø

1. 在指定位置处，照样画出没有画完全的各种图线和图形。

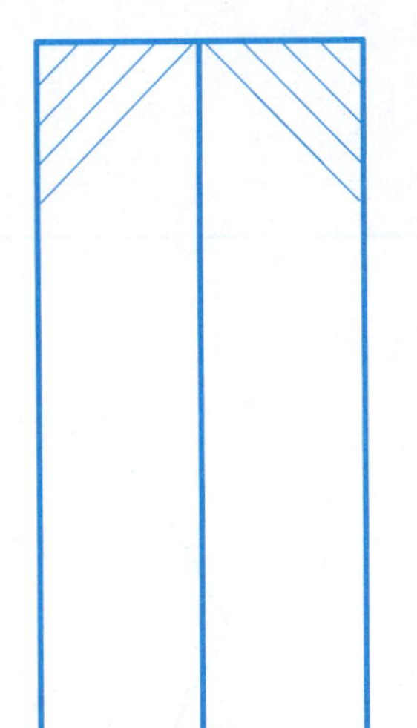
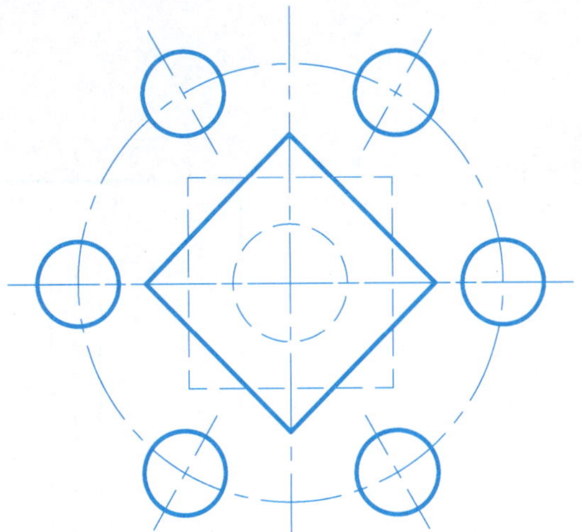
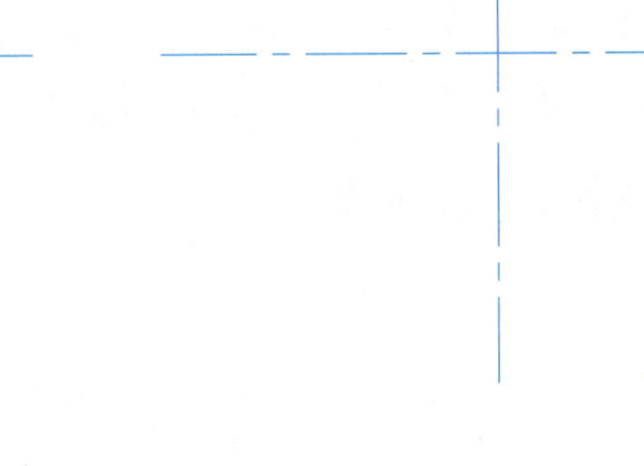

2. 参照所示图形，按1:1的比例在指定位置处画出图形，并标注尺寸。

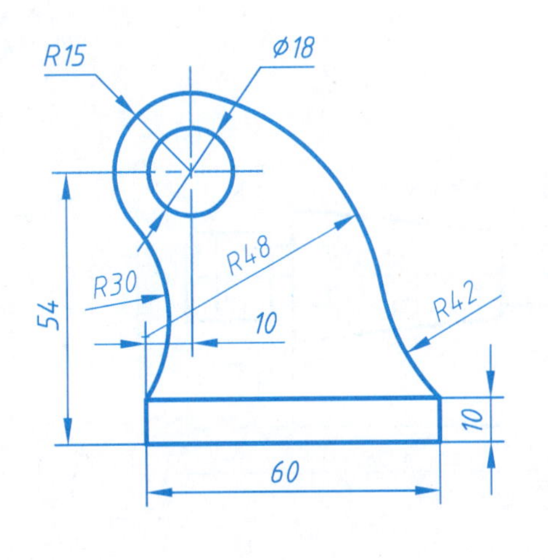

3. 参照所示图形，按1:2 的比例在指定位置处画出图形，并标注尺寸。

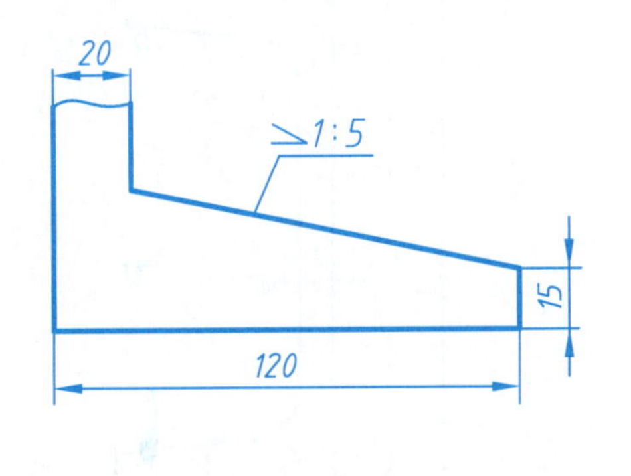

4. 参照所示图形，按1:1 的比例在指定位置处画出图形，并标注尺寸。

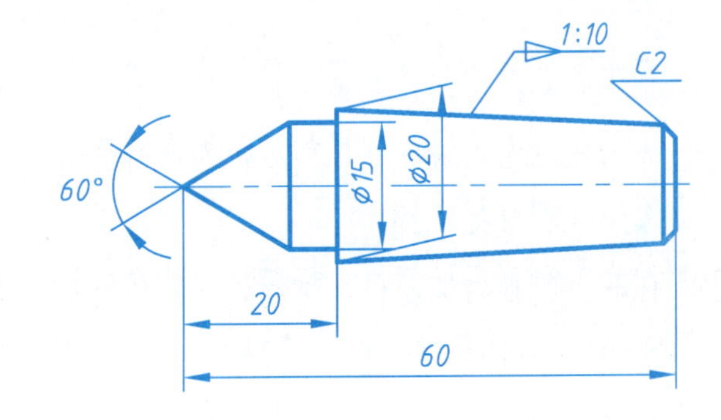

第一次作业——平面图形综合练习

一、作业内容

1. 按所注尺寸用1:1比例在A3图纸上抄画右图的图形。
2. 抄注全部尺寸，尺寸数字为3.5号字。

二、作业目的

1. 通过练习初步掌握绘图工具的使用方法和绘图步骤。
2. 熟悉国家标准对图幅、图框和图线、字体的基本规定。

三、作业指示

1. 根据各题所给尺寸先画底稿（底稿线要细而轻），务必在检查无误后方可加深，加深时要求同类线型深浅、粗细要一致。
2. 在右下角画出标题栏，标题栏中的名称填“平面图形”，用10号字；校名用7号字；其余各项皆用5号字。
3. 标题栏的尺寸见教材。

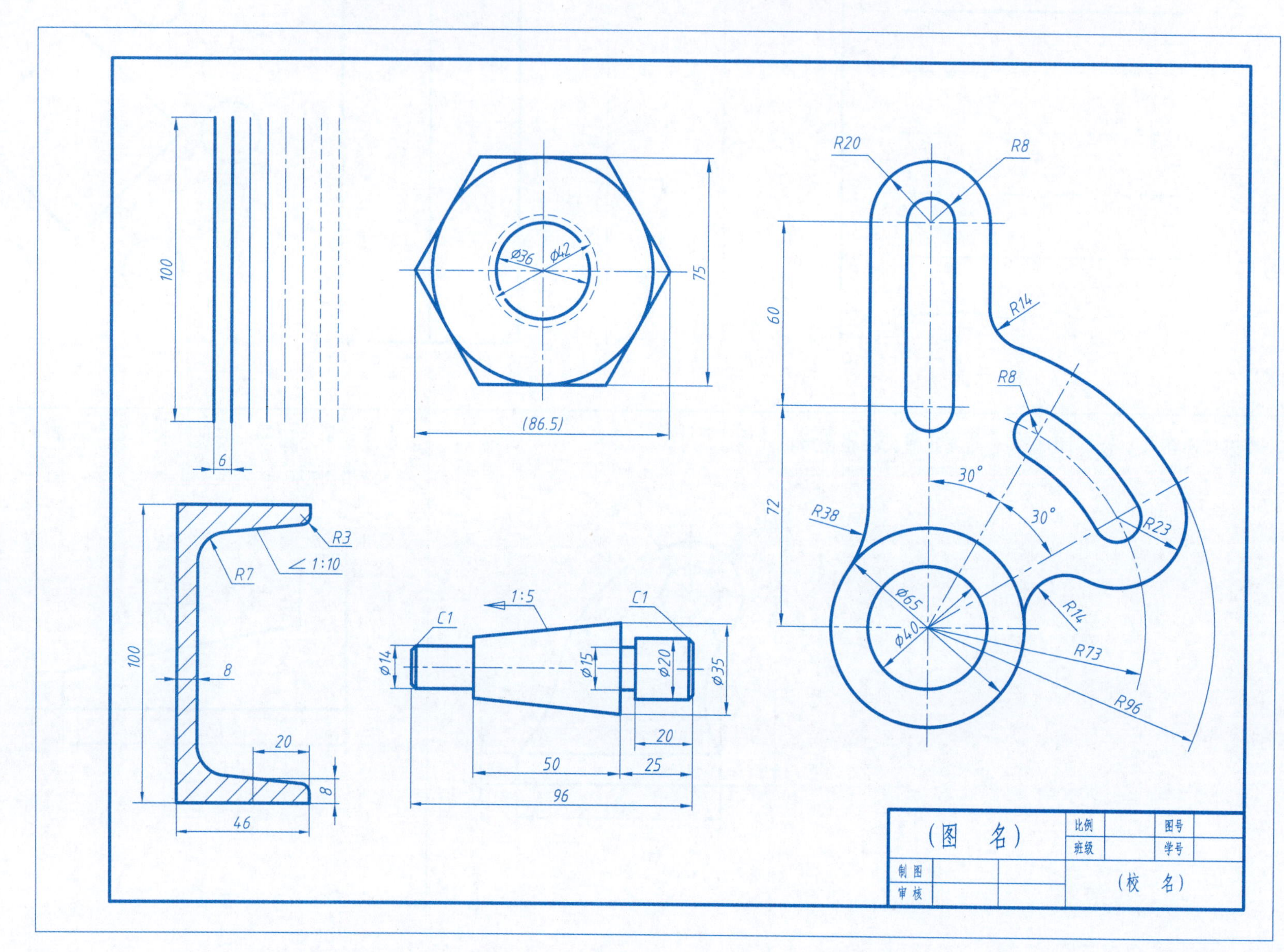

第2章　投影基础

2.1 点的投影　　班级　　姓名　　学号　　

1. 根据立体图中各点的空间位置，作出它们的两面投影，并量出各点到投影面的距离，填入表中。

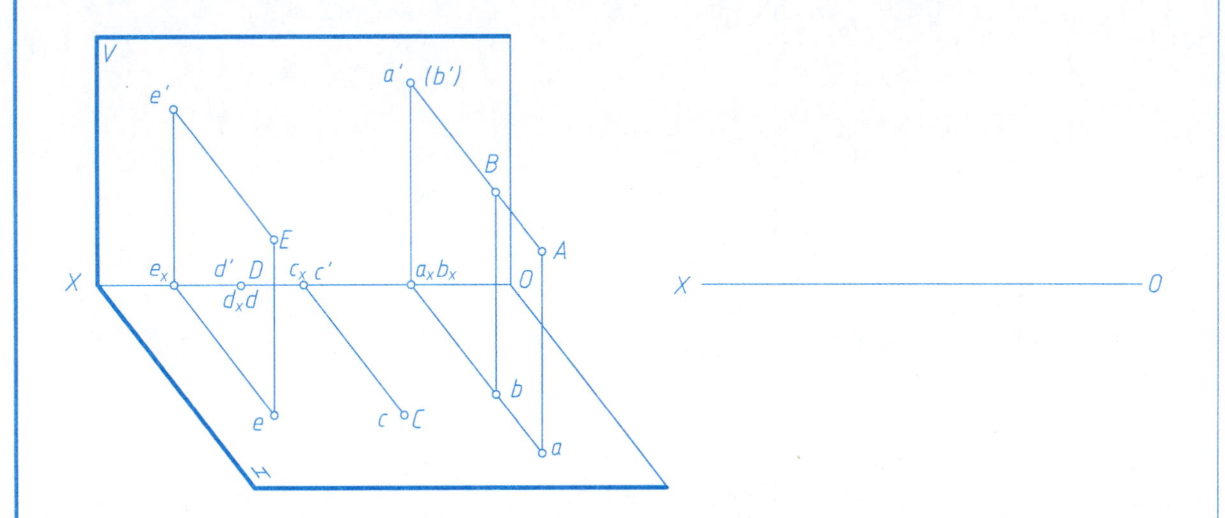

	A	B	C	D	E
到H面的距离（mm）					
到V面的距离（mm）					

2. 作出A（10，30，15）、B（20，20，0）、C（30，0，25）各点的三面投影和立体图。

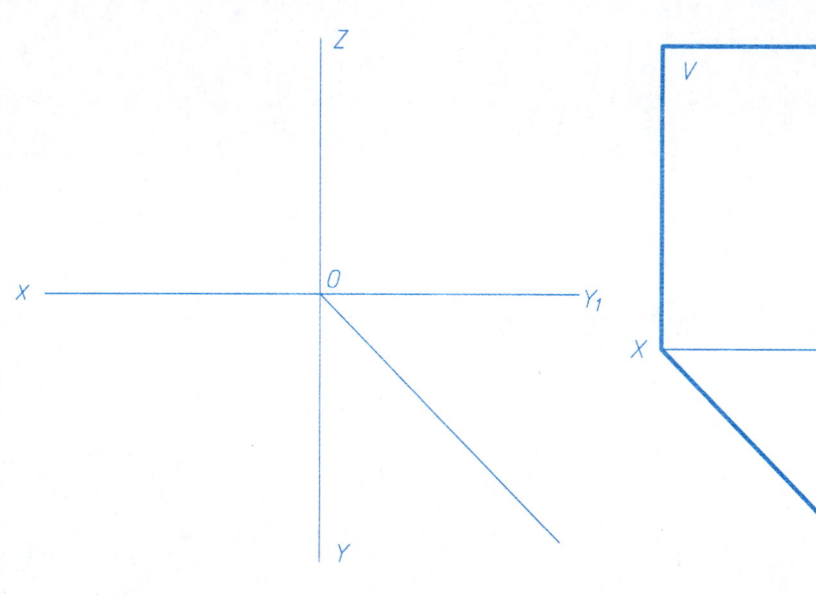

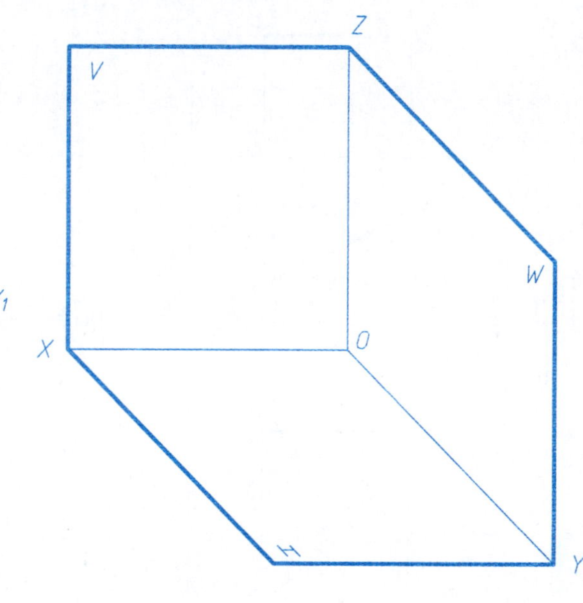

3. 已知各点的两个投影，作出第三投影。

(1)

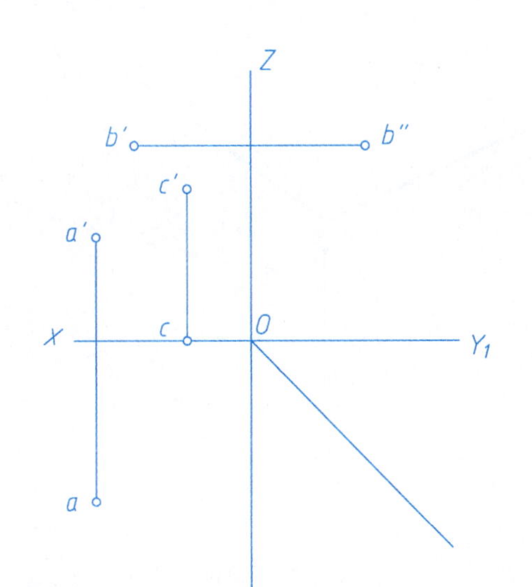

(2)

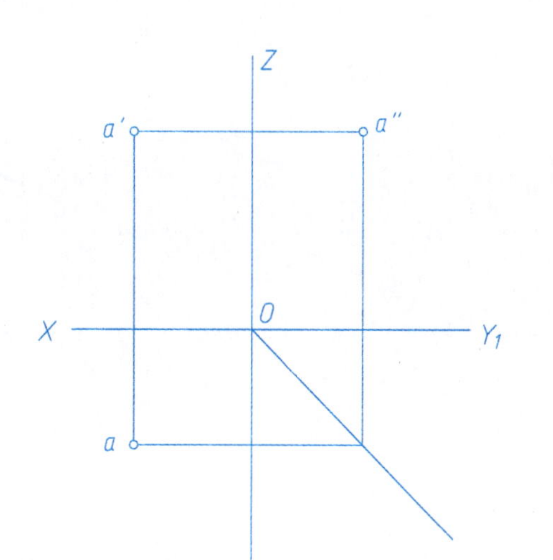

4. 已知点B在点A右方5mm，下方15mm，前方7mm，点C在点D的正前方7mm，作出点B和C的投影，并判断可见性。

(1)

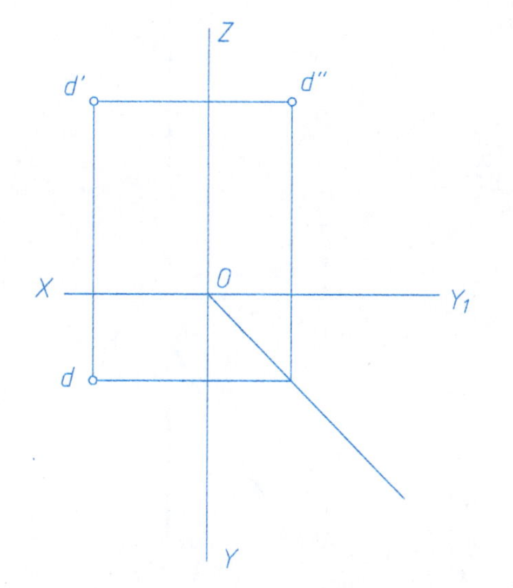

(2)

1. 判断下列各直线对投影面的相对位置，并画出第三投影。

(1)

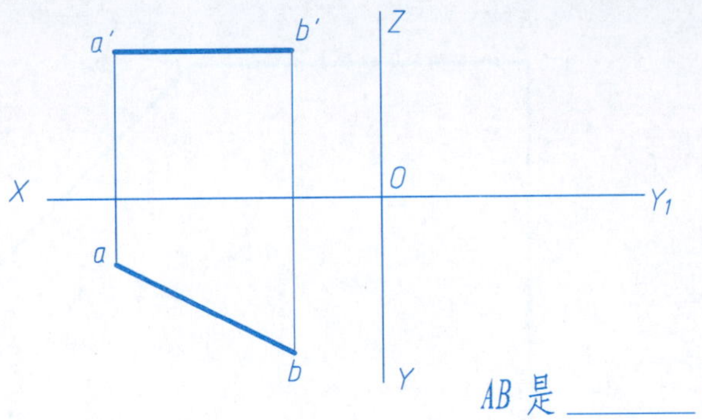

AB 是______线

(2)

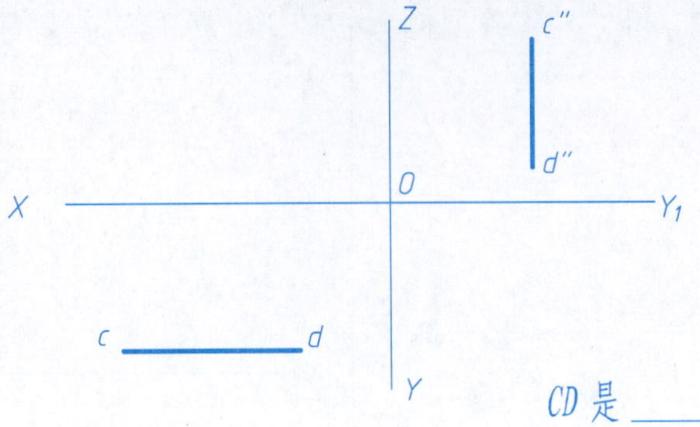

CD 是______线

(3)

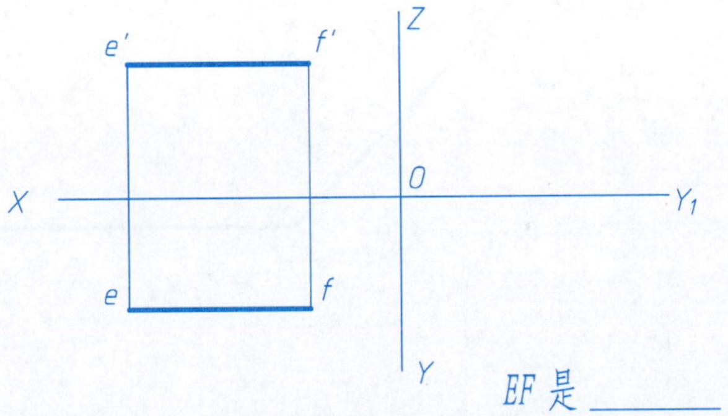

EF 是______线

(4)

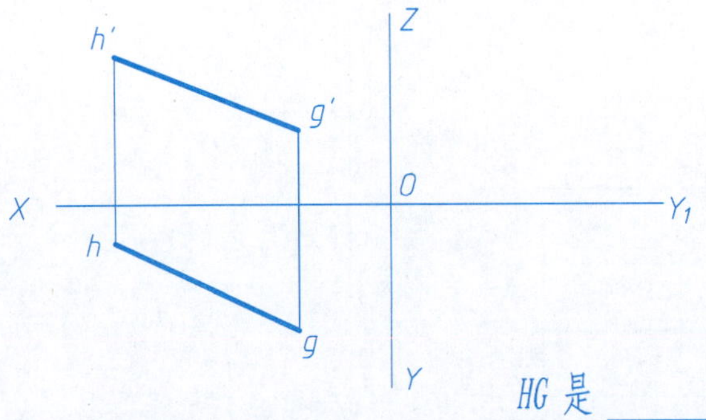

HG 是______线

2. 过 A 点作长度为30mm，α=45° 的正平线 AB 的投影，有几解？

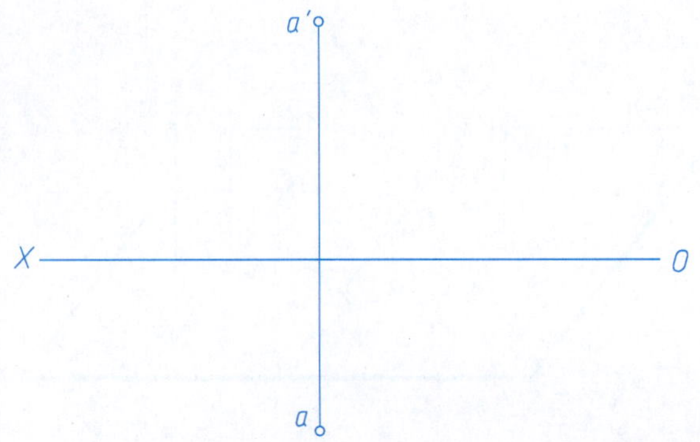

有几解______

3. 在线段 AB 上，取一点 K 使 AK : KB =1:2，求 K 点的两面投影。

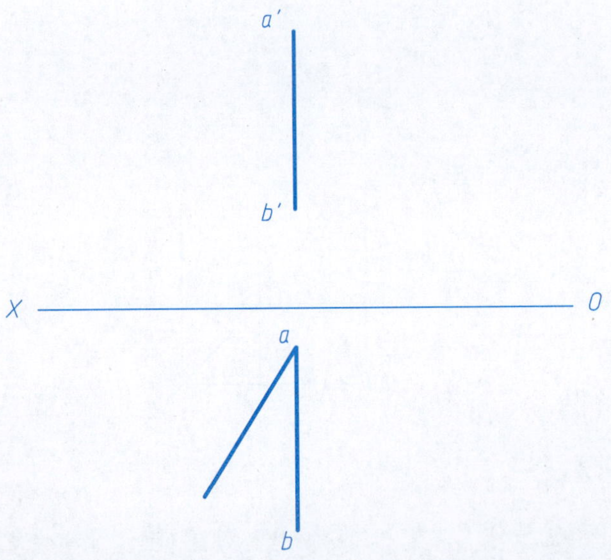

4. 已知线段 AB 的两投影，求其实长和对投影面的夹角 α、β。

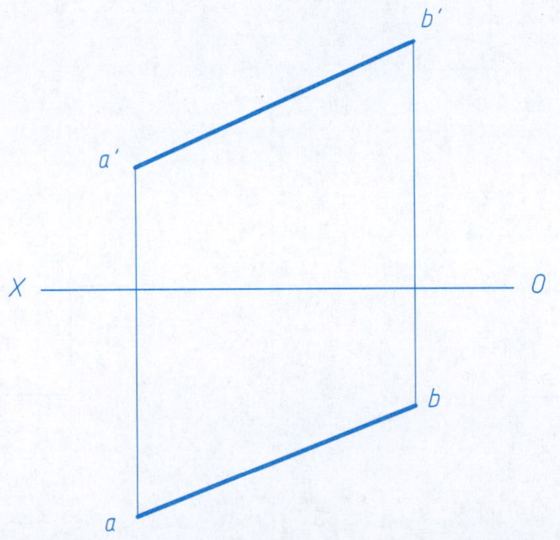

5. 已知直线AB实长=35mm，且AB=AC，试完成三角形ABC的水平投影。

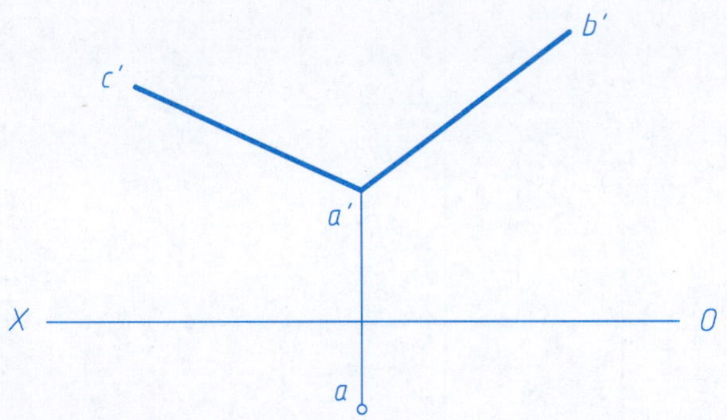

2.2 直线的投影（二） 两直线的相对位置

班级 姓名 学号

1. 判断下列两直线的相对位置(平行、相交、交叉、垂直)，并判断重影点的可见性。

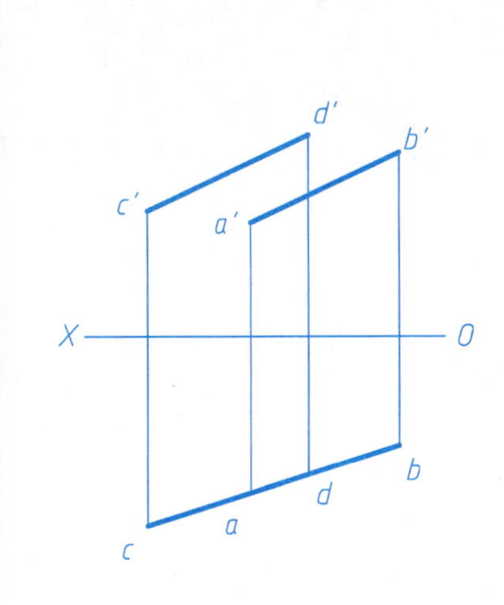

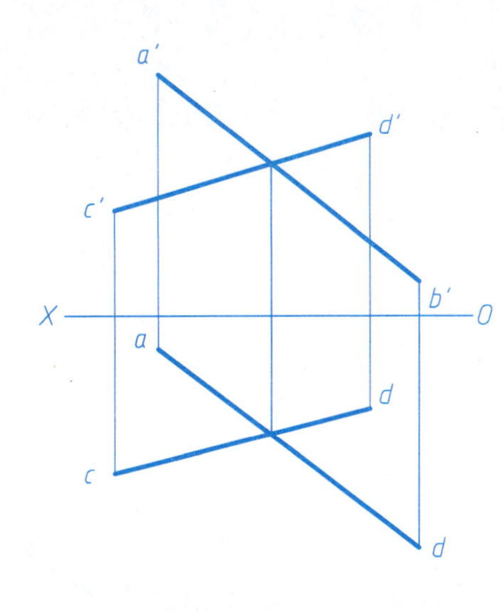

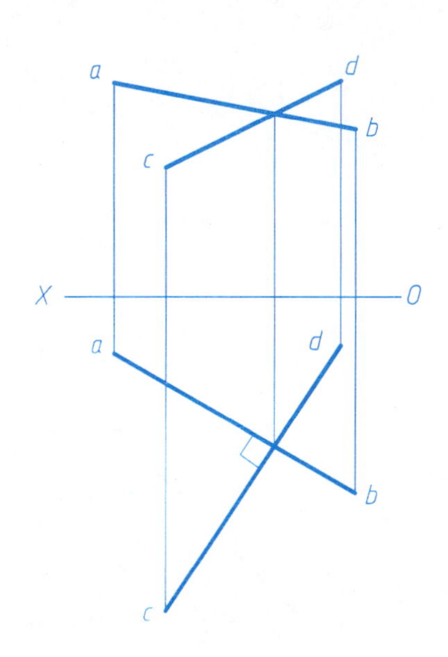

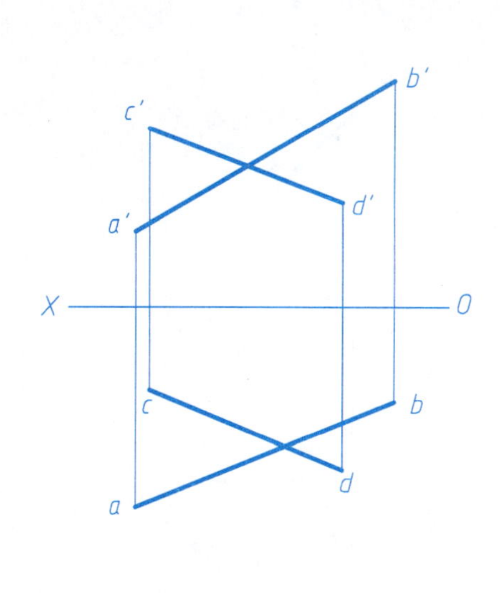

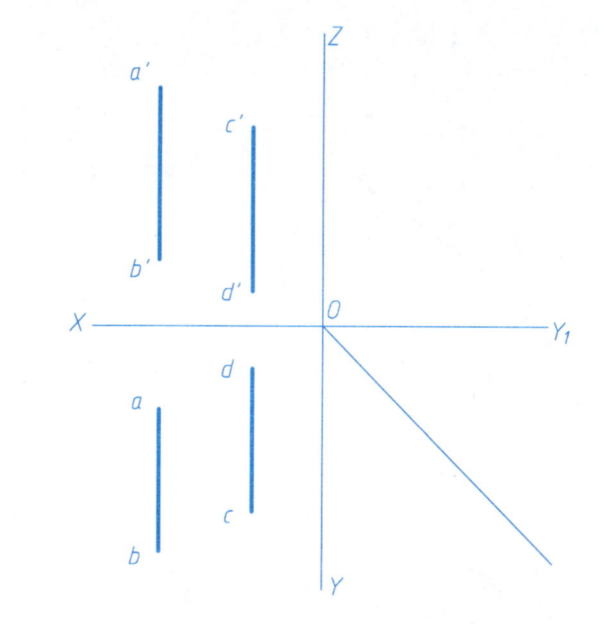

是 ________　　是 ________　　是 ________　　是 ________　　是 ________

2. 标出两交叉直线AB、CD相对于投影面H和V的重影点，并判断可见性。

(1)

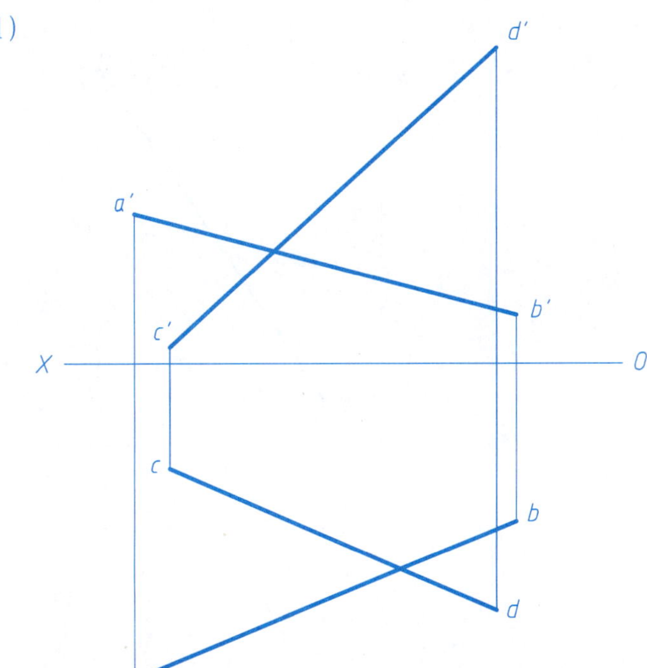

(2)

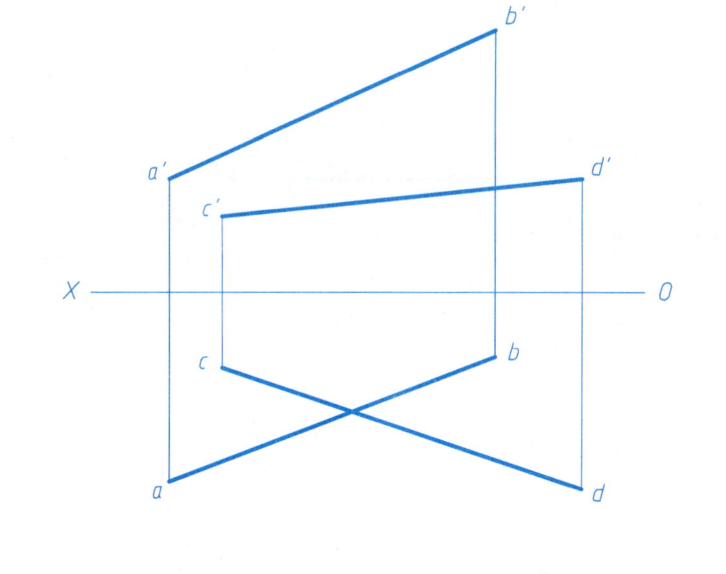

3. 过P点作一直线和AB平行，并交CD于K点。

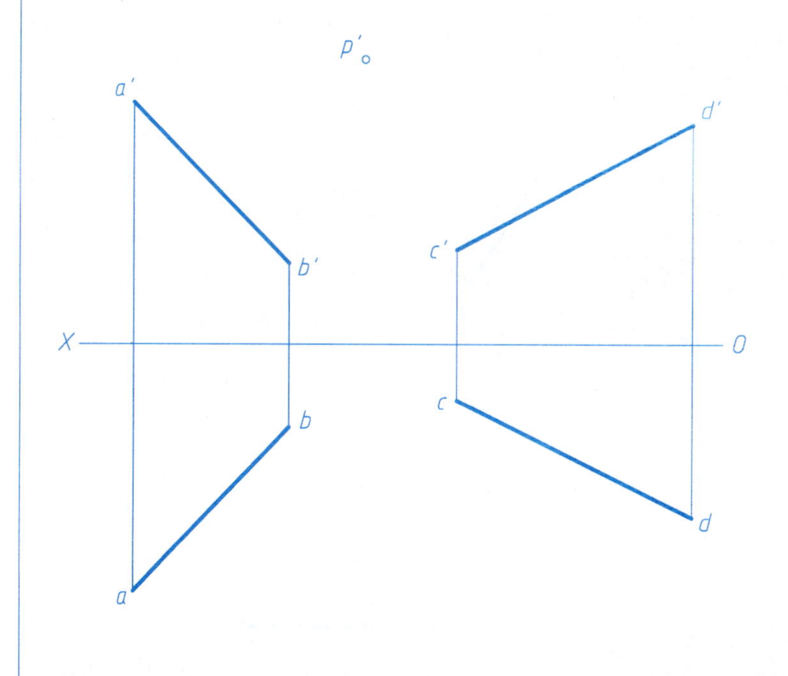

1. 过P点求作直线PK:

(1) 平行于直线AB，K点与B点同高。

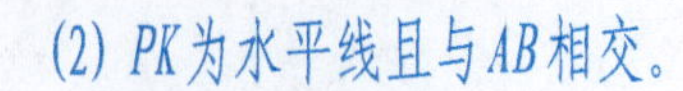
(2) PK为水平线且与AB相交。

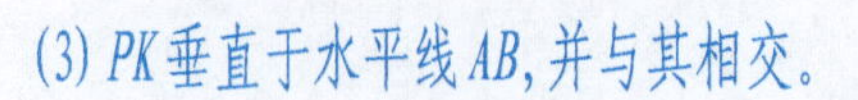
(3) PK垂直于水平线AB，并与其相交。

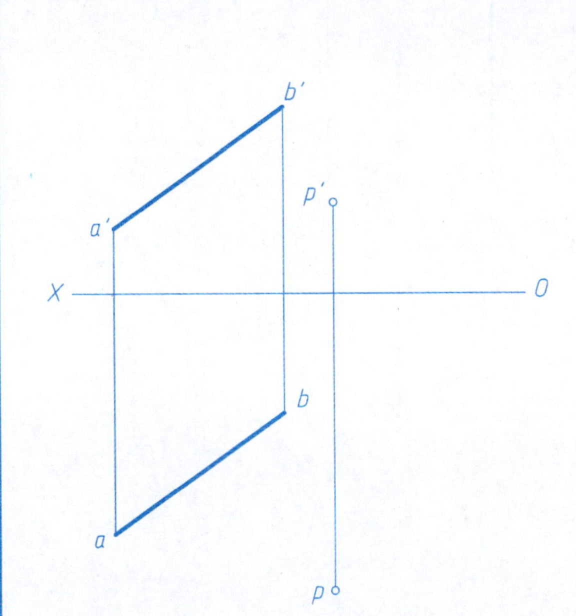

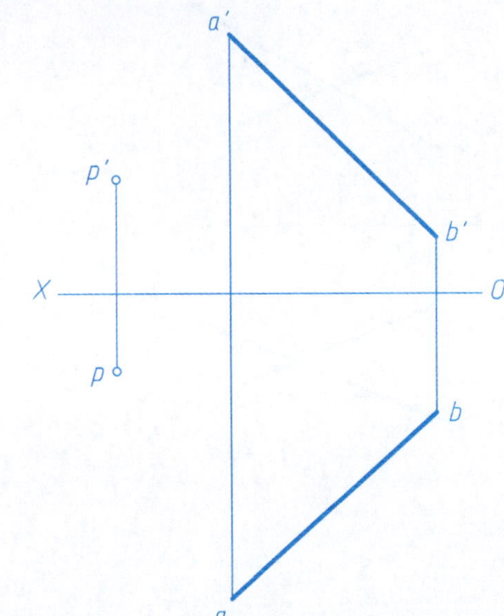

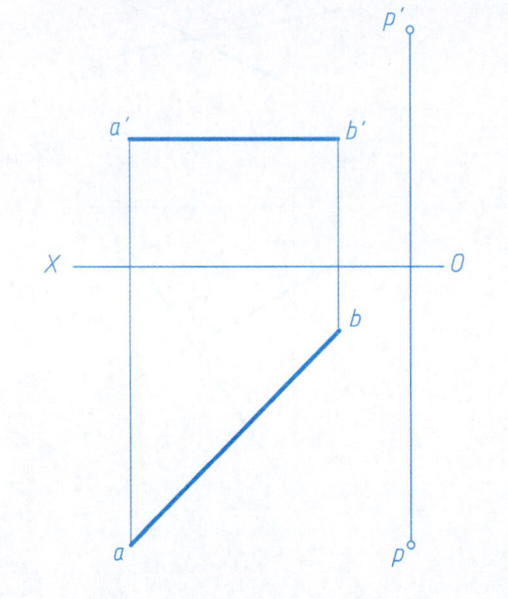

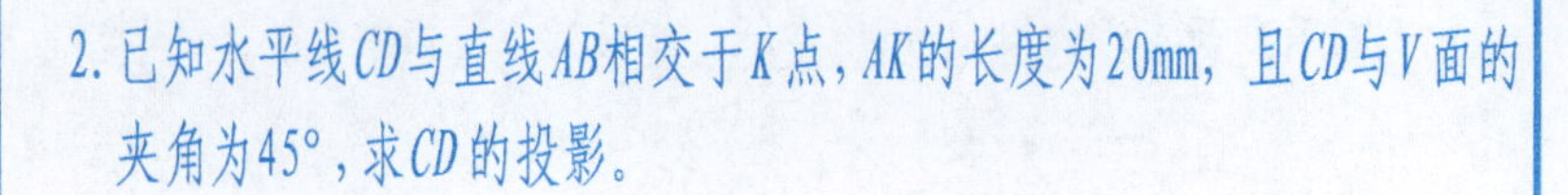
2. 已知水平线CD与直线AB相交于K点，AK的长度为20mm，且CD与V面的夹角为45°，求CD的投影。

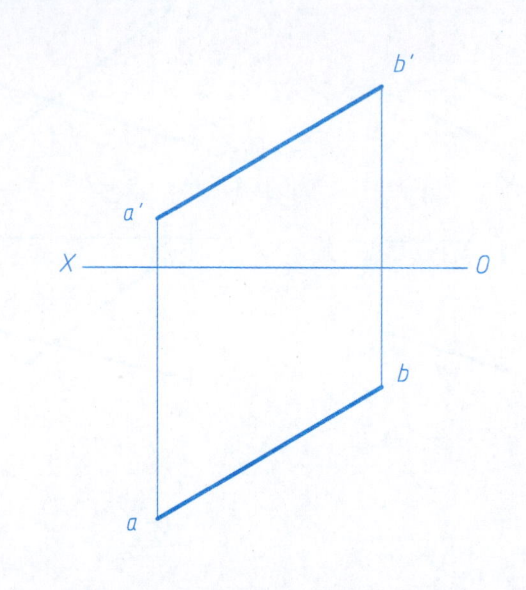

3. 完成正方形ABCD的两面投影（已知BC边是正平线），有几个解？

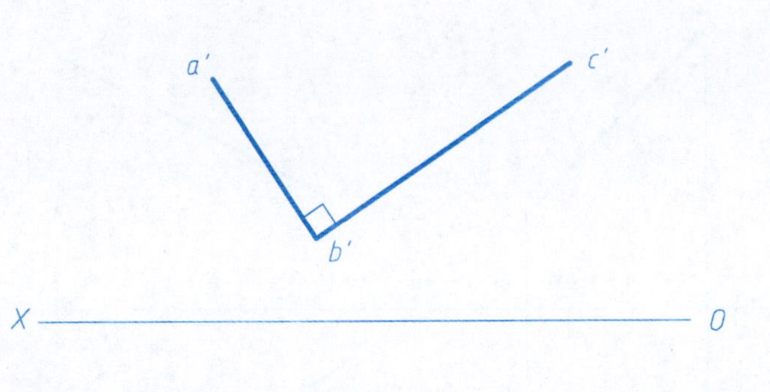

4. 试以水平线BC为底边作一等腰三角形，已知等腰三角形的高（实长）为38mm，它对H面的倾角为30°。有几个解？

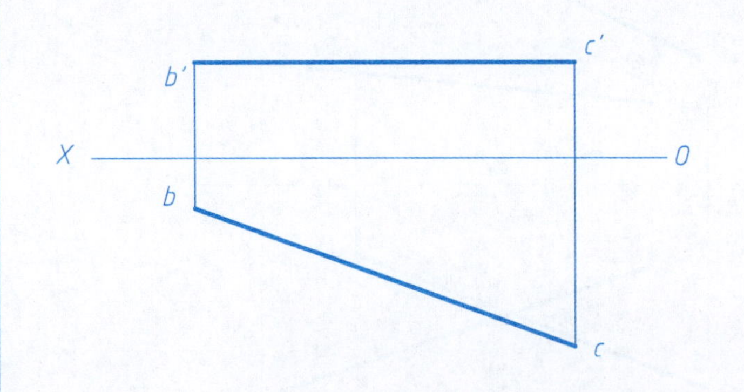

5. 作等腰三角形ABC，已知底边BC在MN线上，并与高相等。

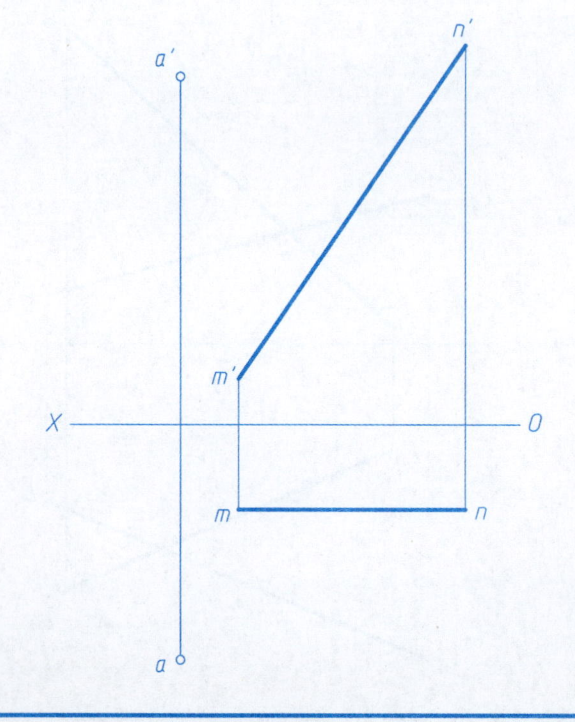

1. 对照轴测图并看懂三视图，在指定的位置写出直线、平面的名称。

q′ p′ q″ p″ q p

P平面是 ________ 面

Q平面是 ________ 面

e′ f′ p′ e″ p″ f″ e f p E F P

P平面是 ________ 面

EF是 ________ 线

m′ r′ m″ r″ m r M R

R平面是 ________ 面

M平面是 ________ 面

a′ n′ b′ a″ n″ b″ a n b A N B

AB是 ________ 线

N平面是 ________ 面

2. 补全各平面的第三投影及属于平面的点K的投影，并回答平面对投影面的相对位置。

________ 面

________ 面

________ 面

________ 面

________ 面

________ 面

1. 判别三条平行直线是否属于同一平面。

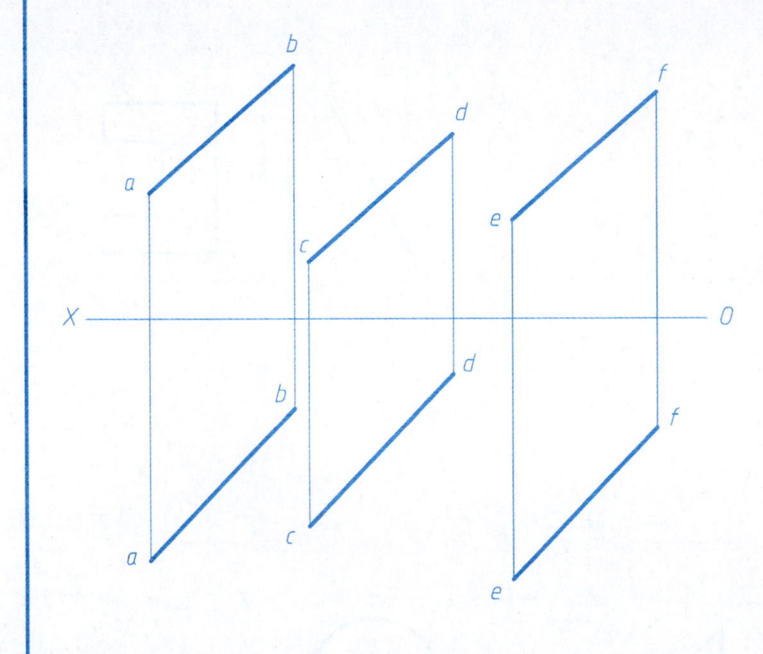

2. 已知平面*ABCD*内直线*EF*的水平投影，求其正面投影。

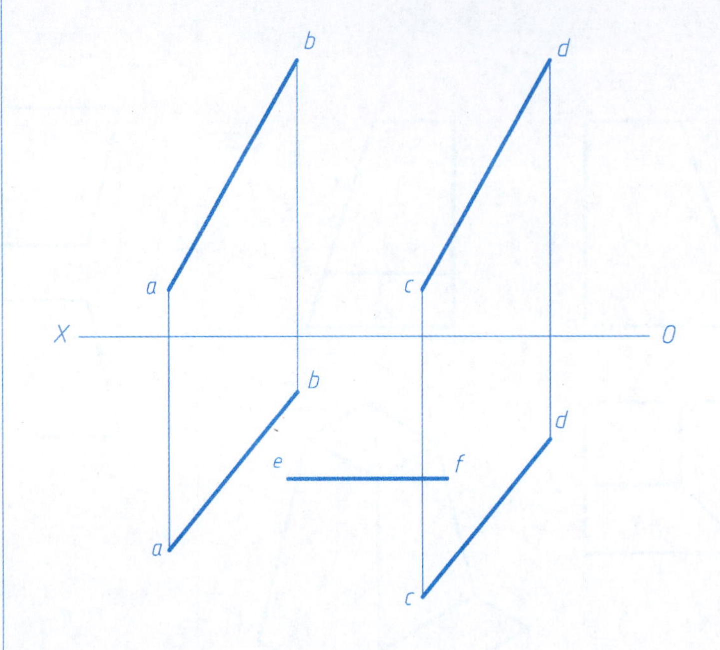

3. 三角形*ABC*给定一平面，作属于该平面的水平线，该水平线距*H*面15mm；作属于该平面的正平线，该正平线距*V*面22mm。

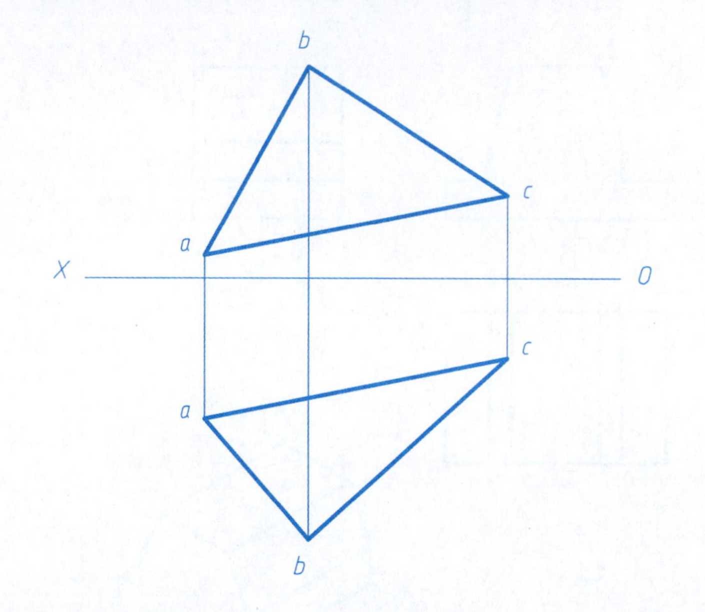

4. 三角形*ABC*给定一平面，过点*B*作属于该平面的两直线，并且两直线与*H*面成60°角。

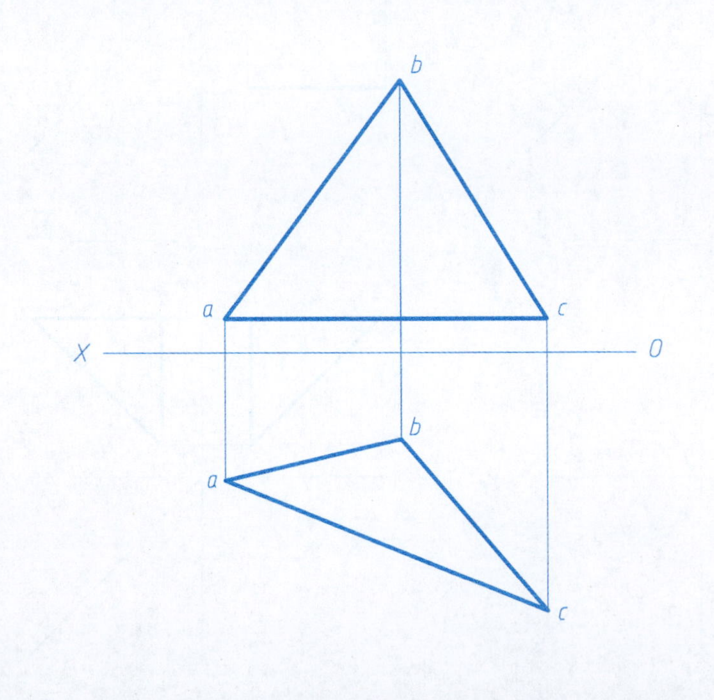

5. 完成平面五边形*ABCDE*的水平投影。

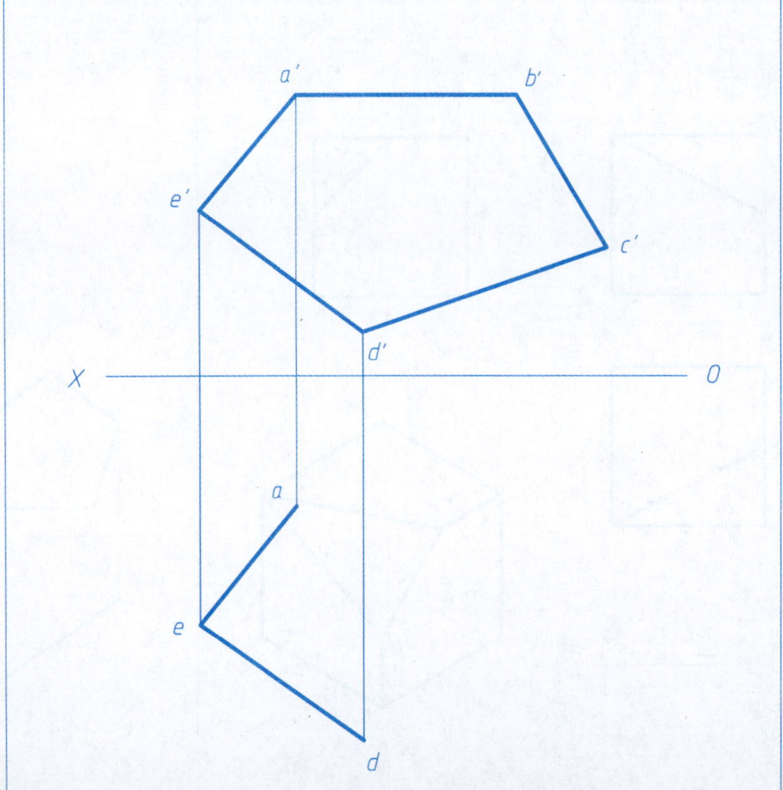

6. 完成平面的水平投影。

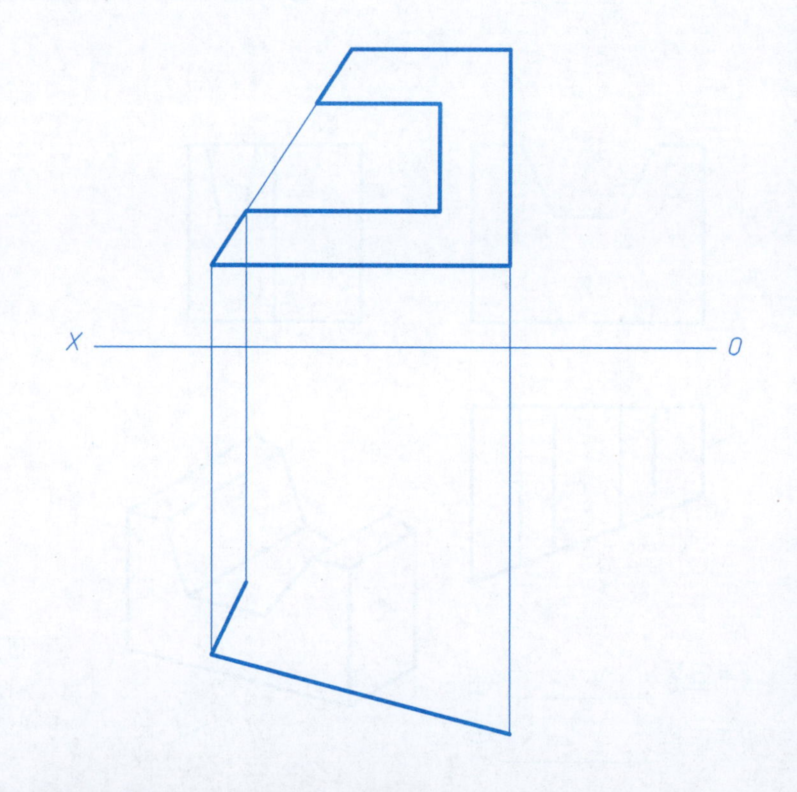

1. 判断直线 *EF* 是否与平面平行。

(1)

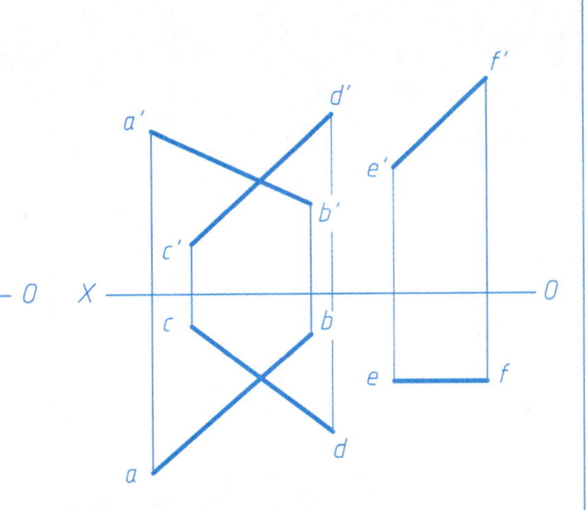

2. 过 *E* 点作一正平线 *EF* 平行于平面 *ABC*，且使 *EF*=15mm。

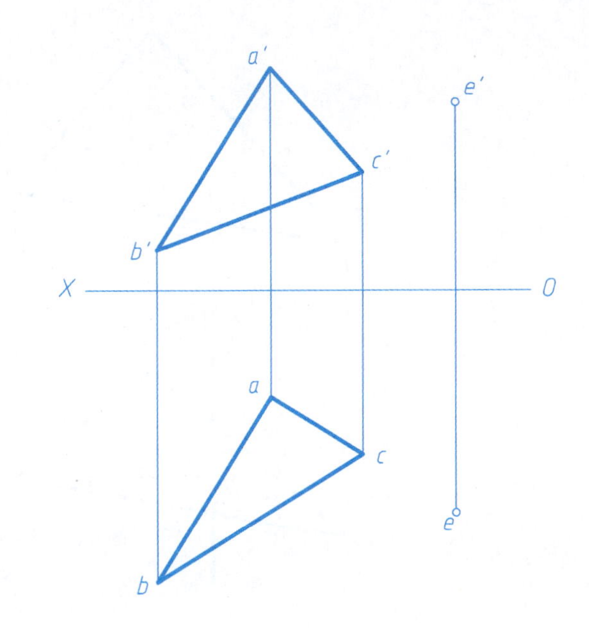

3. 已知直线 *ED* 平行于三角形平面 *ABC*，作出 *e′d′*。

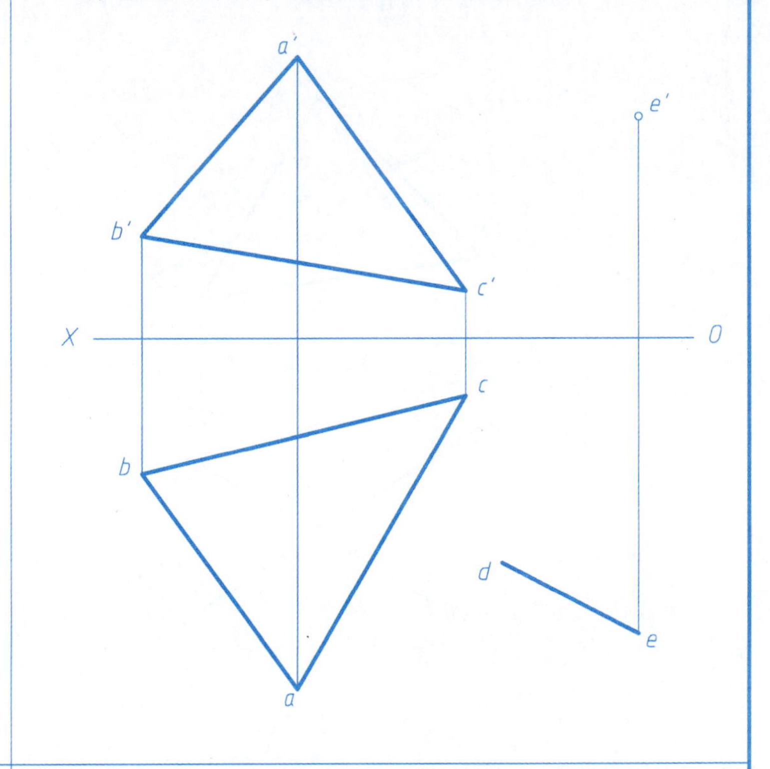

4. 过 *E* 点作一平面平行于已知平面。

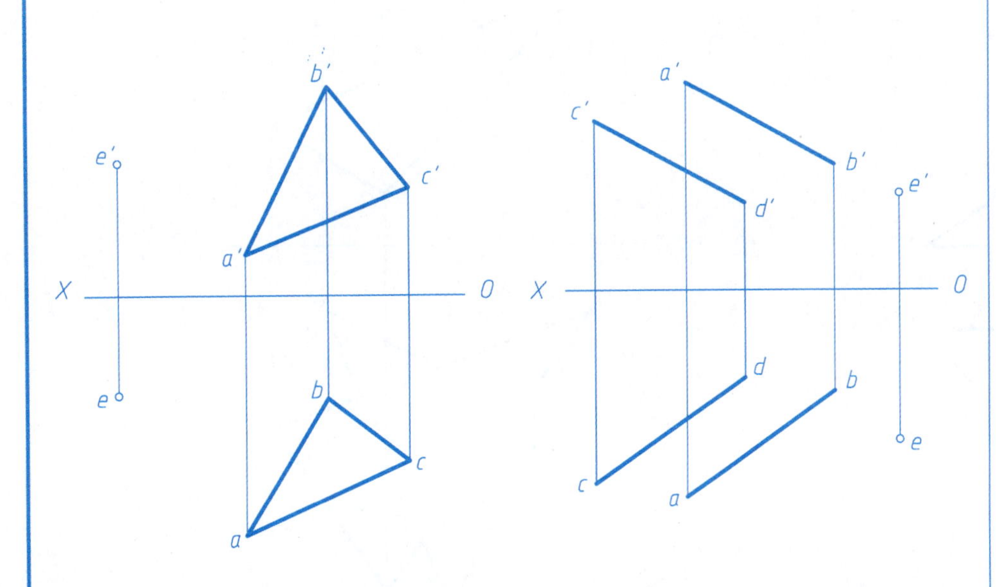

5. 已知三角形 *ABC* 平行于直线 *EF*，求作三角形 *ABC* 的水平投影。

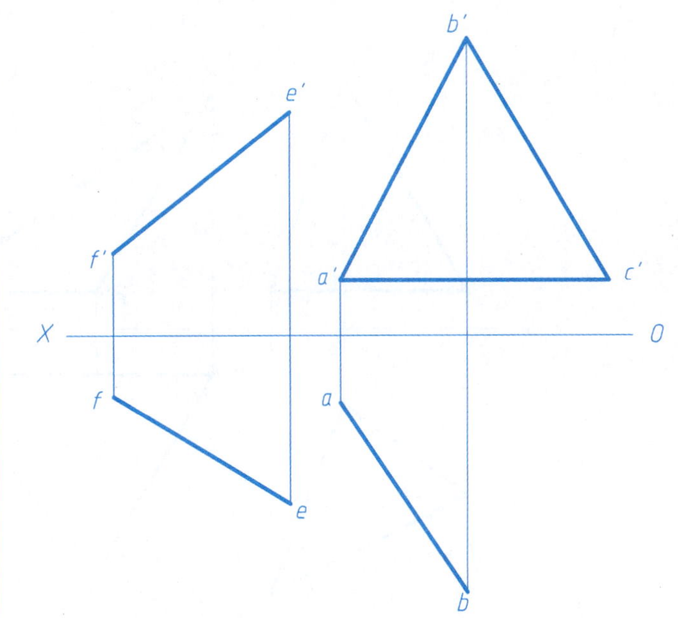

6. 三角形 *ABC* 与三角形 *DEF* 平行，完成三角形 *DEF* 的投影。

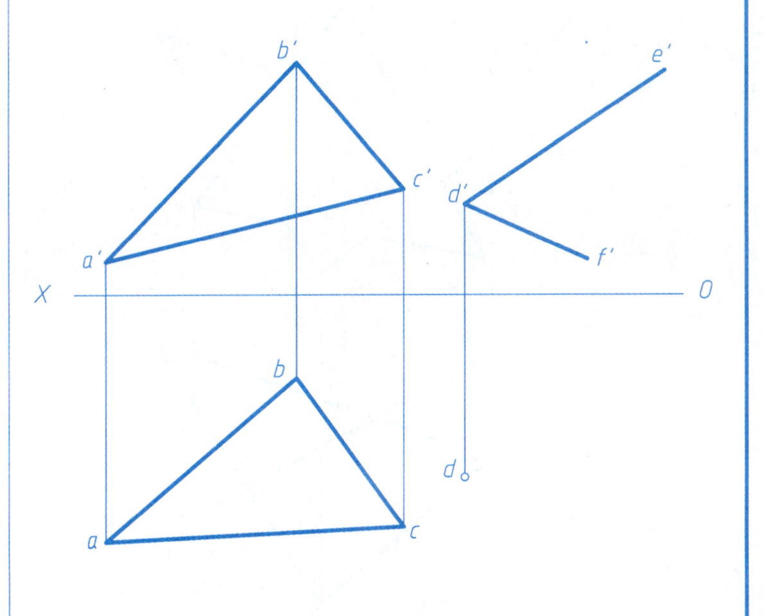

1. 求直线与平面的交点,并判别可见性。

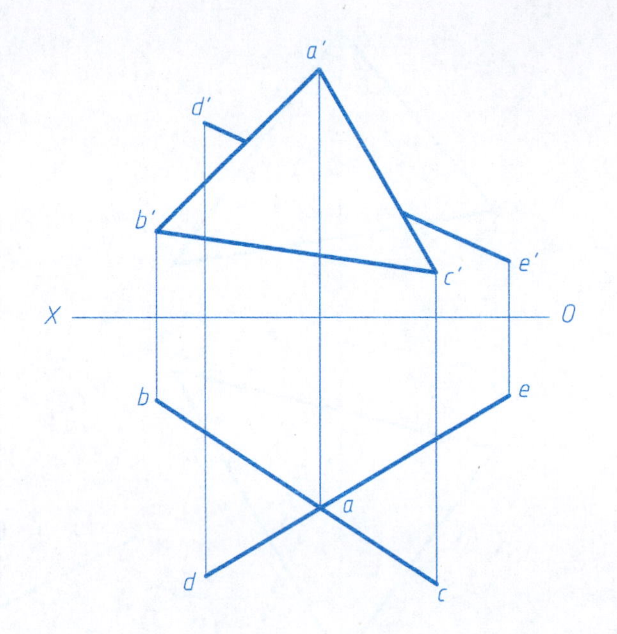

2. 求直线与平面的交点,并判别可见性。

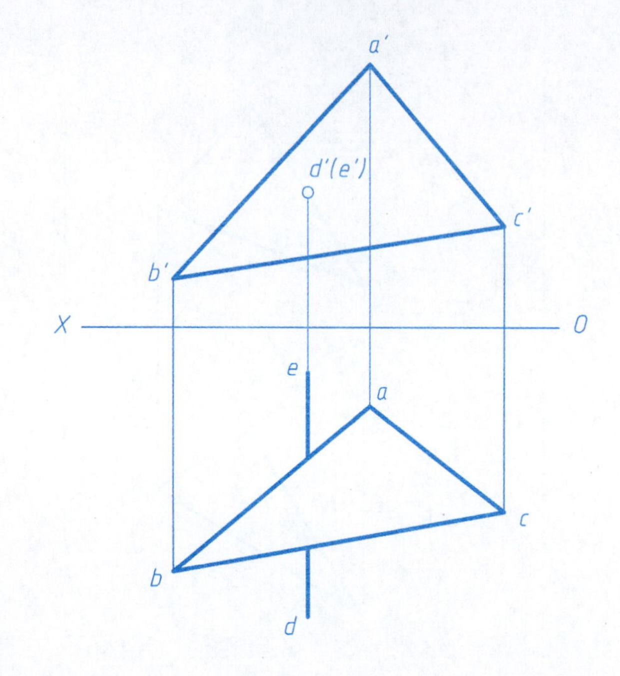

3. 求直线DE与三角形ABC的交点,并判别可见性。

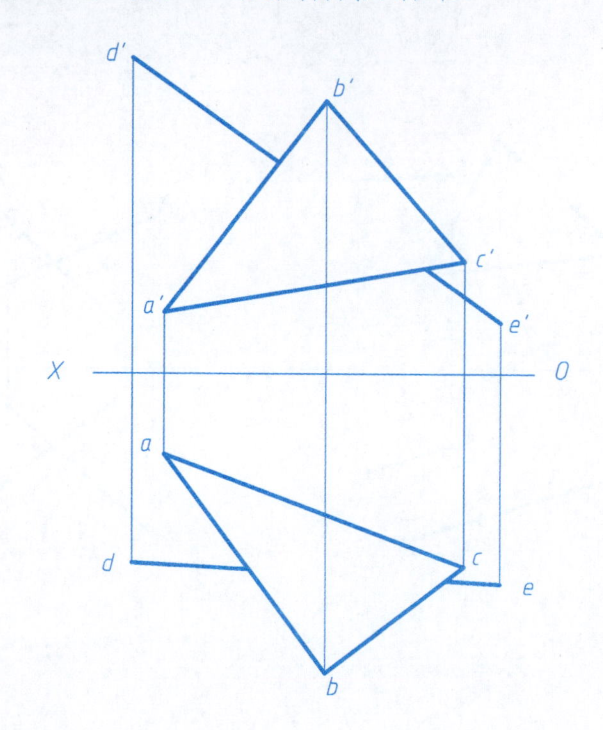

4. 求下列各题中两平面的交线,并判别可见性。

(1)

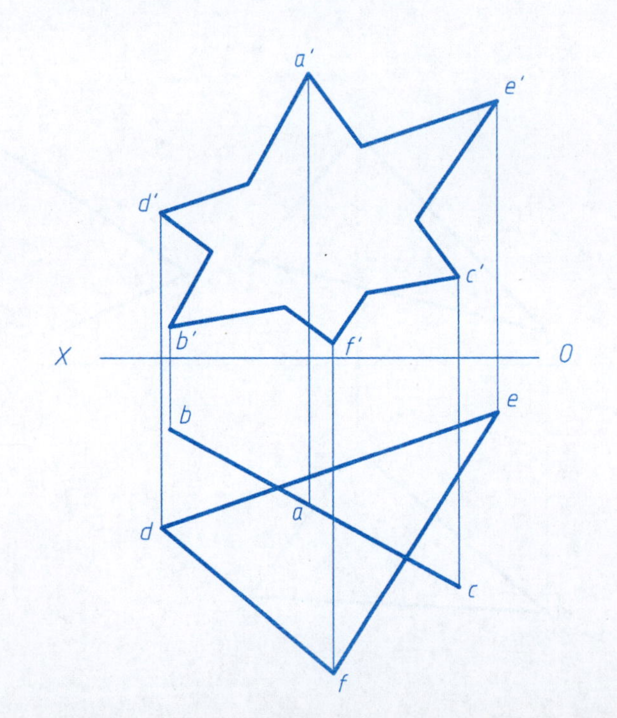

(2)

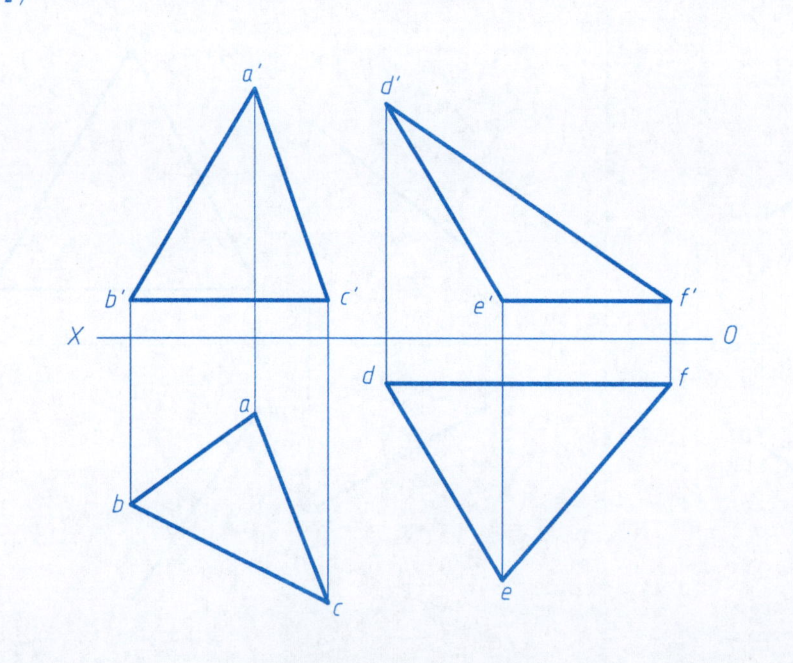

(3)

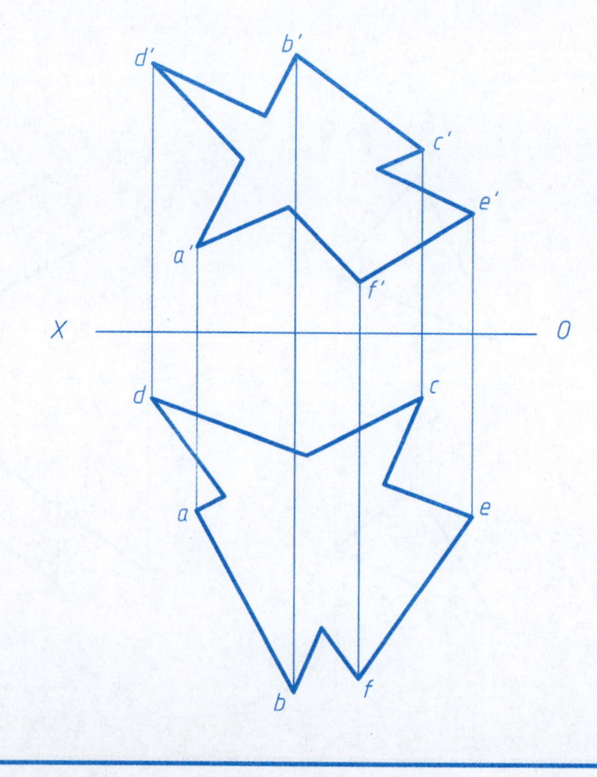

1. 判断直线与平面是否垂直。

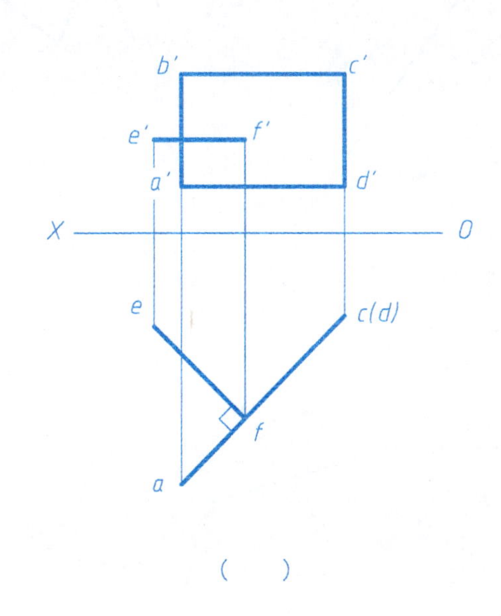

（　）

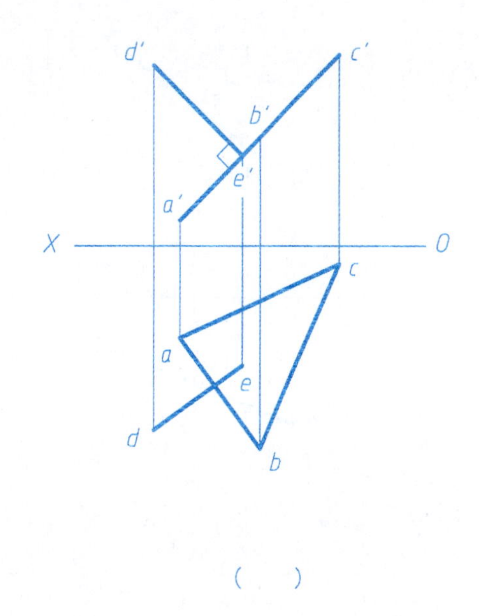

（　）

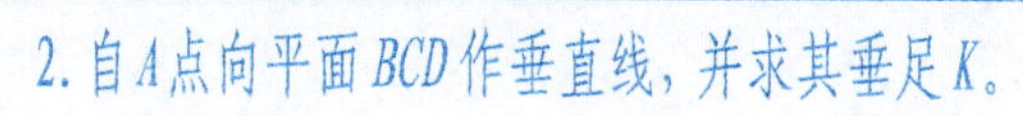
2. 自A点向平面BCD作垂直线，并求其垂足K。

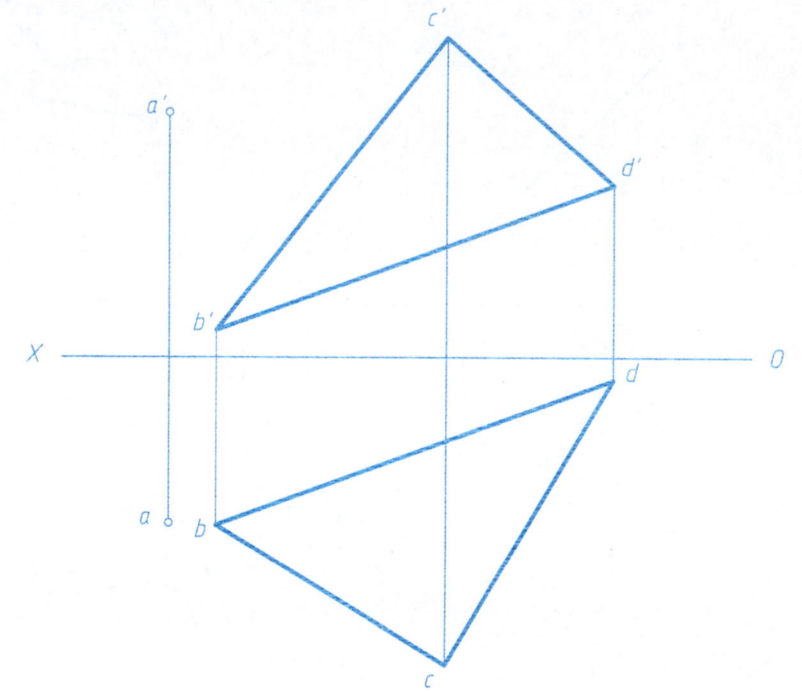

3. 自A点向平面BCDE作垂线，并求其垂足K。

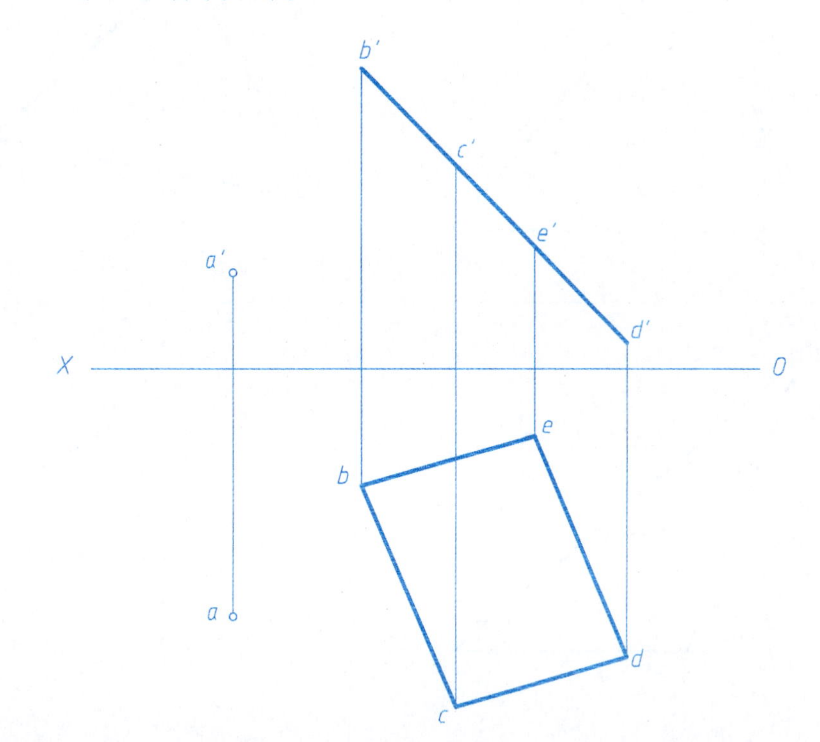

4. 过点K作平面与已知平面ABC垂直。

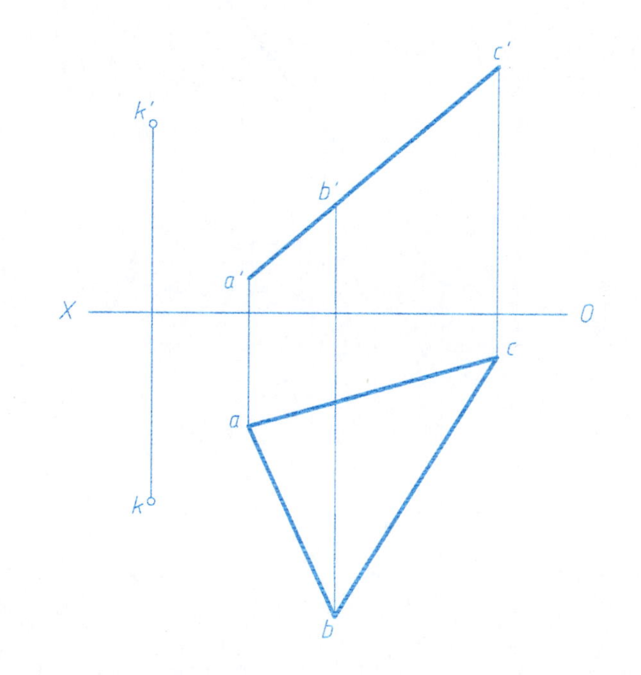

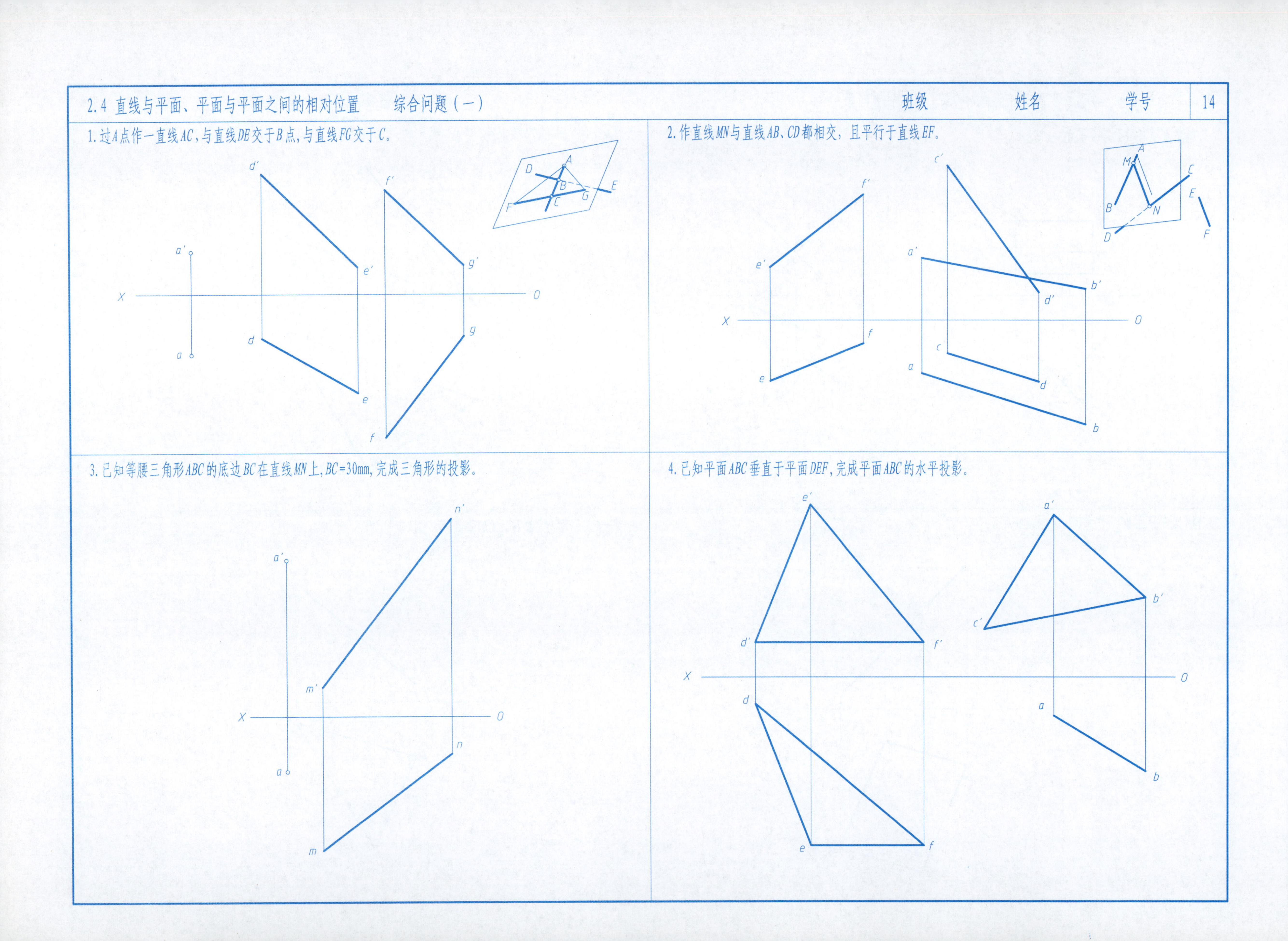
2.4 直线与平面、平面与平面之间的相对位置　综合问题（一）
班级
姓名
学号
14
1. 过A点作一直线AC，与直线DE交于B点，与直线FG交于C。
2. 作直线MN与直线AB、CD都相交，且平行于直线EF。
3. 已知等腰三角形ABC的底边BC在直线MN上，BC=30mm，完成三角形的投影。
4. 已知平面ABC垂直于平面DEF，完成平面ABC的水平投影。

1. 求两交叉直线AB和CD间的距离。

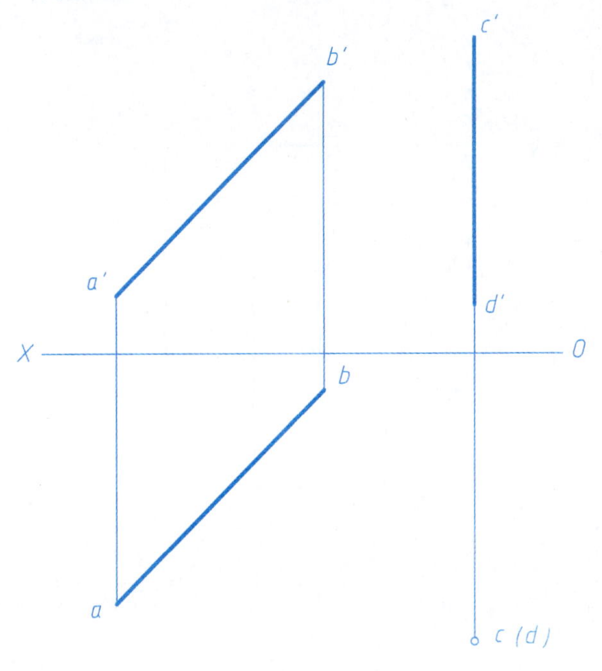

2. 求两平行直线AB和CD间的距离。

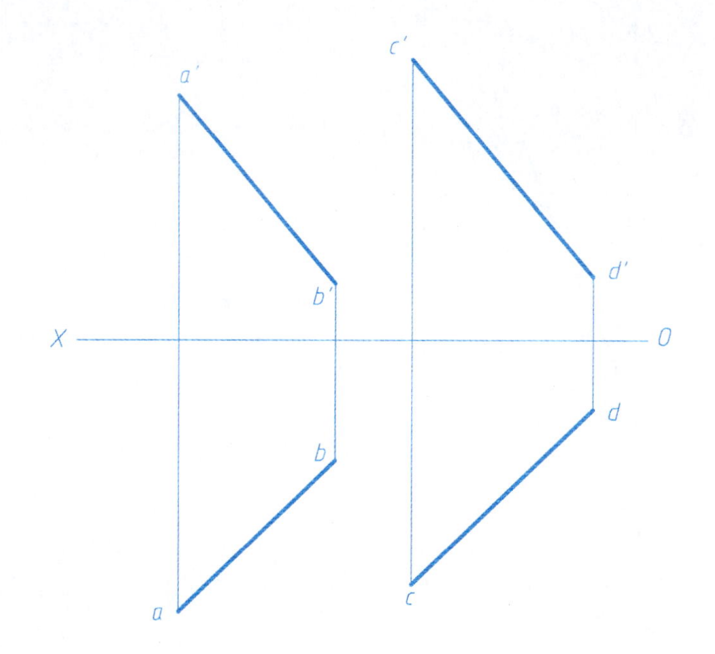

3. 求平面ABC和三角形DEF所夹的两面角。

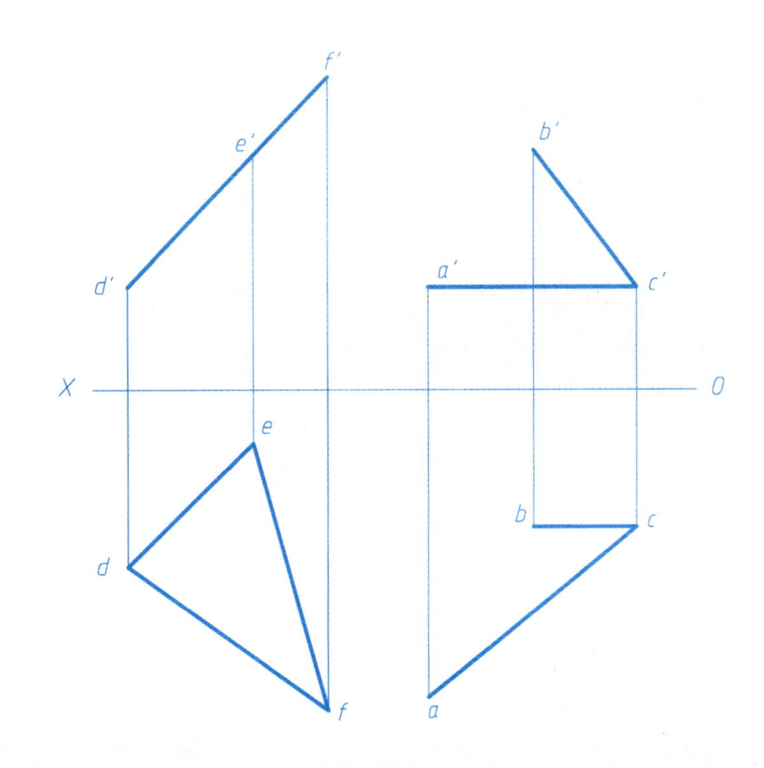

4. 求两平行面间的距离。

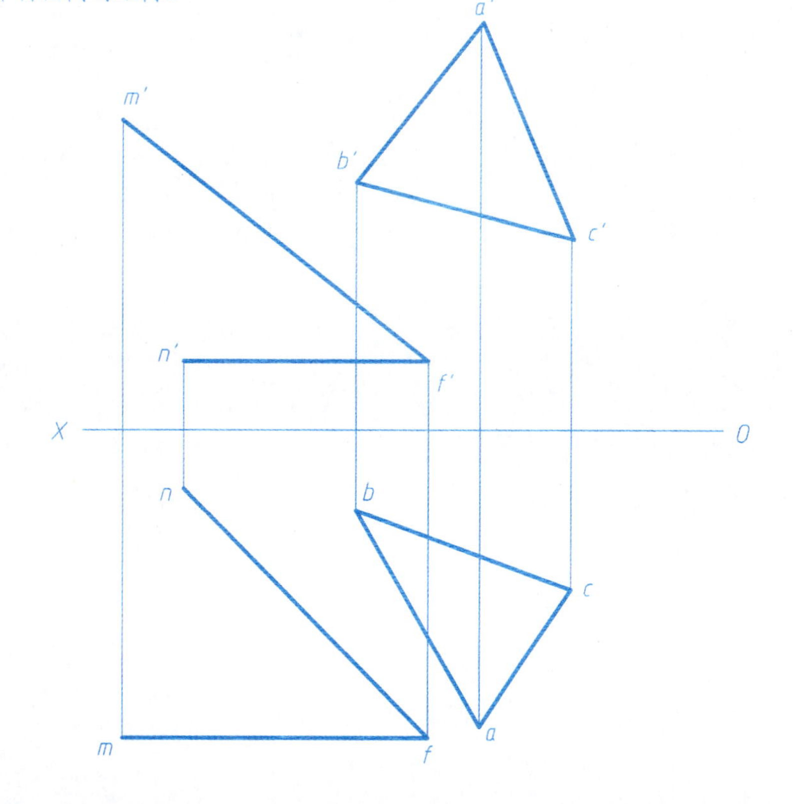

2.5 换面法　　用换面法求解下列各题

1. 求出点A和点B在V_1、V_2、H_1、H_2面上的投影。

2. 求AB线段的实长及对H面的夹角。

3. 已知直线AB的实长为35mm，作出其正面投影。

4. 求正平线AB、CD间的距离及它们在V、H面上的投影。

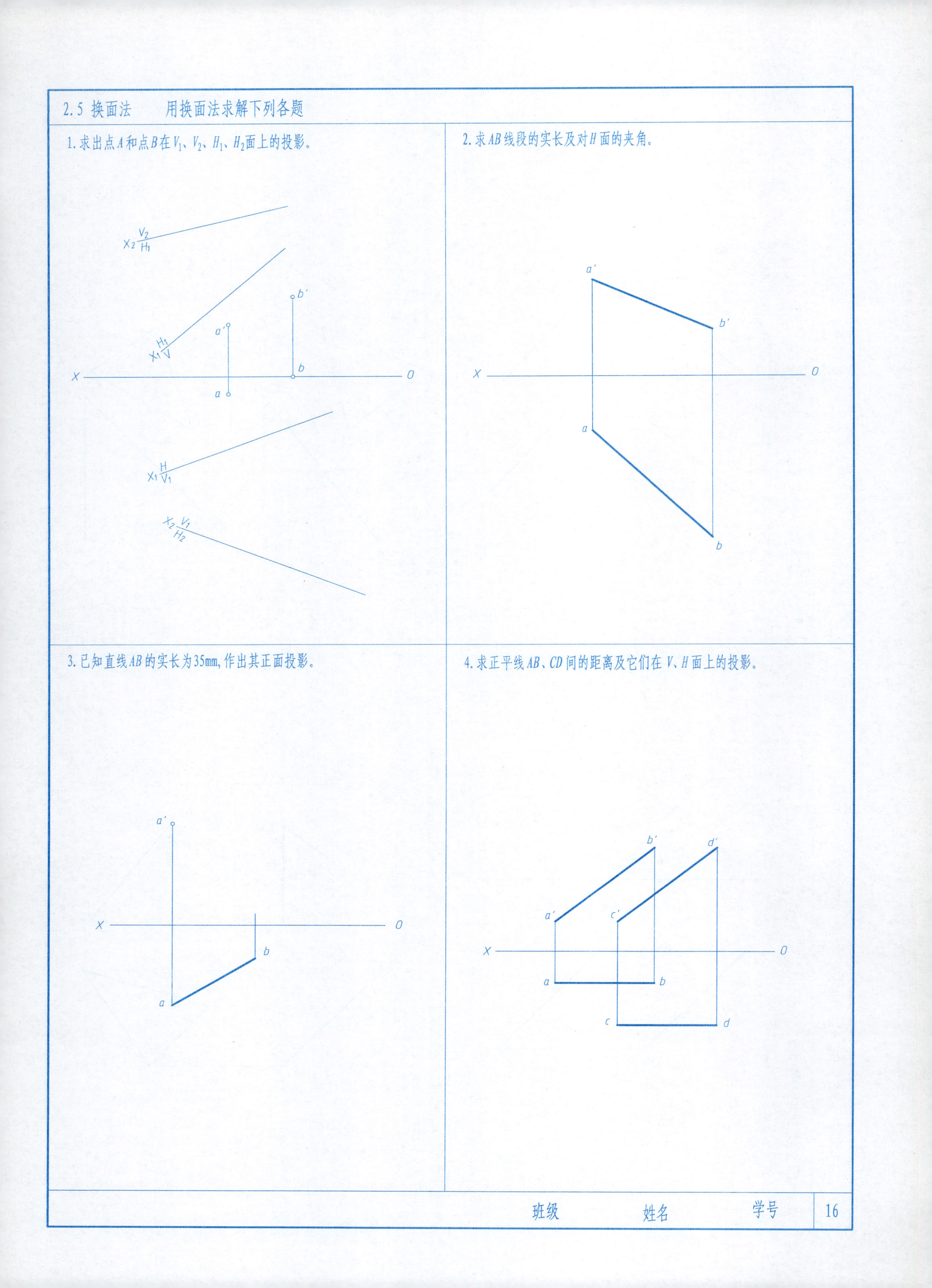

班级　　姓名　　学号

2.5 换面法　　用换面法求解下列各题

1. 已知∠ABC 为45°，求 BC 的正面投影。

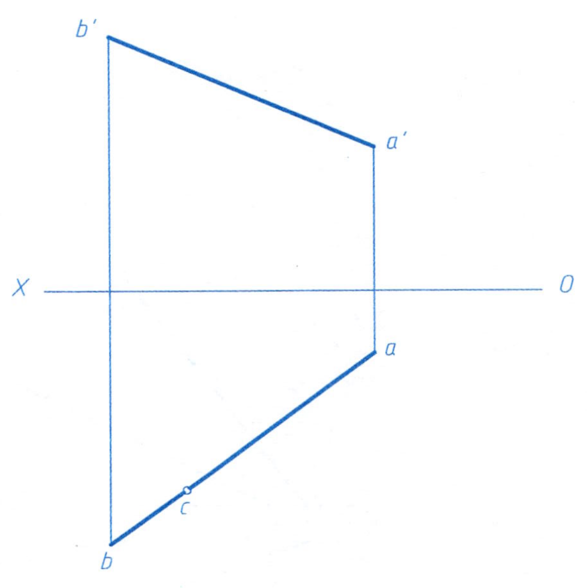

2. 求点 K 到三角形 ABC 平面的距离。

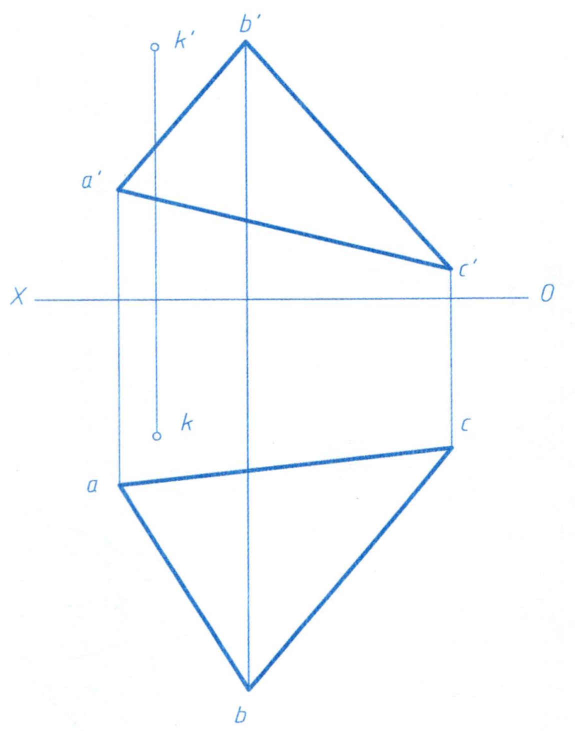

3. 用换面法完成矩形 $ABCD$ 的 H 面的投影。

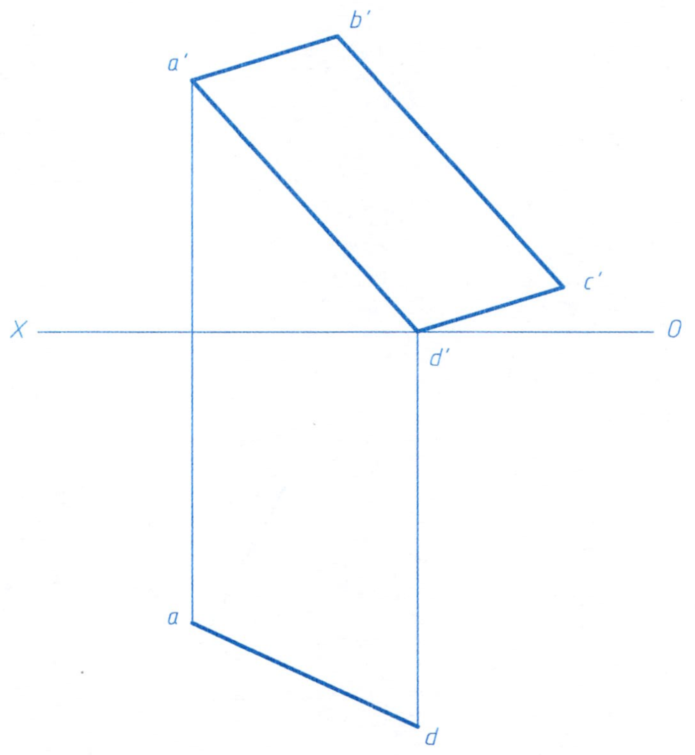

4. 已知两平行直线 AB、CD 的距离为20mm，求作直线 $ABCD$ 的水平投影。

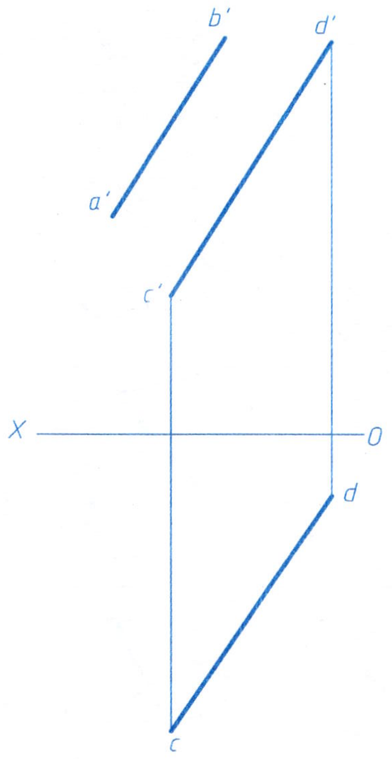

2.5 换面法　　用换面法求解下列各题

1. 求三角形ABC的实形。

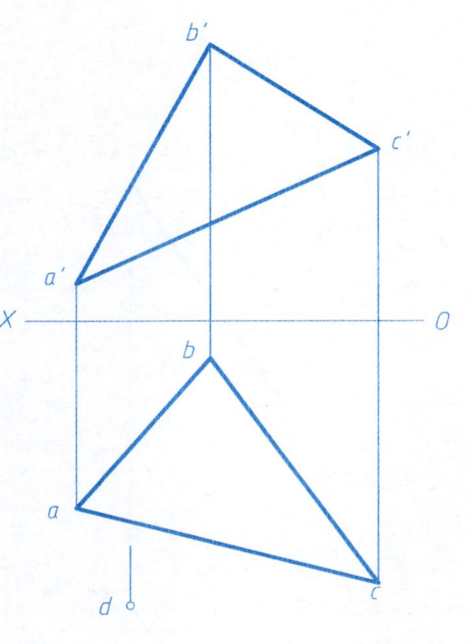

2. 已知D点到三角形ABC平面的距离为20mm，求D点的正面投影。

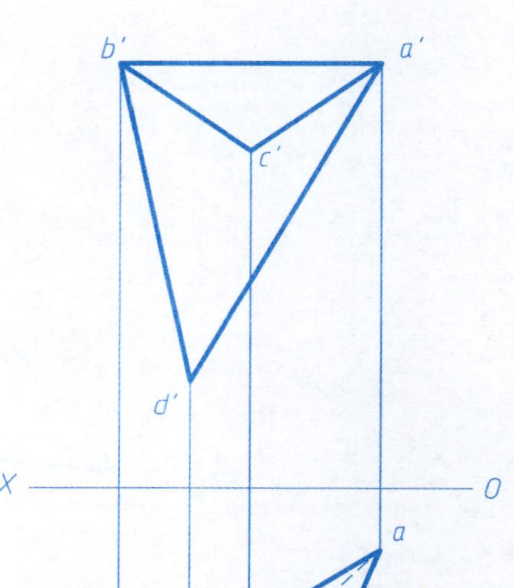

3. 求交叉两直线AB、CD间的公垂线MN的投影（提示：将其中一直线变换成投影面的垂直线）。

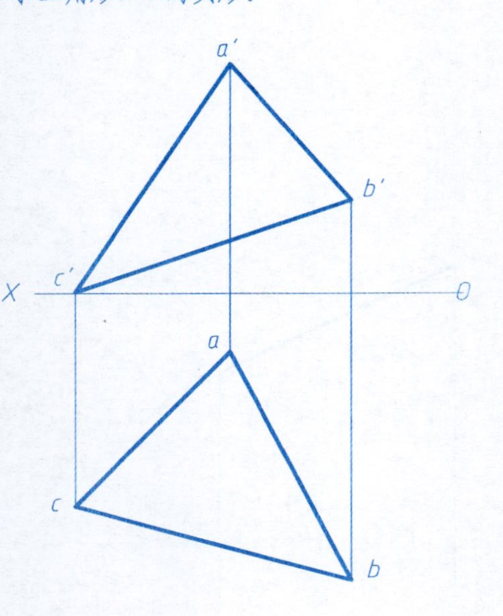

4. 求作垂直于车刀刀刃AB的截面形状（即求作ABC平面和ABD平面所夹的两面角）。

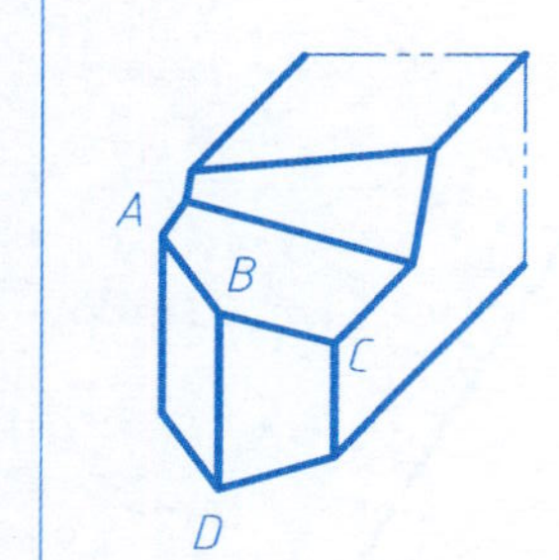

b′ a′ c′ d′ X O a b d c

3.1 立体的投影及表面取点　　求作立体的第三视图及立体表面上点的其余投影　　班级　　姓名　　学号　

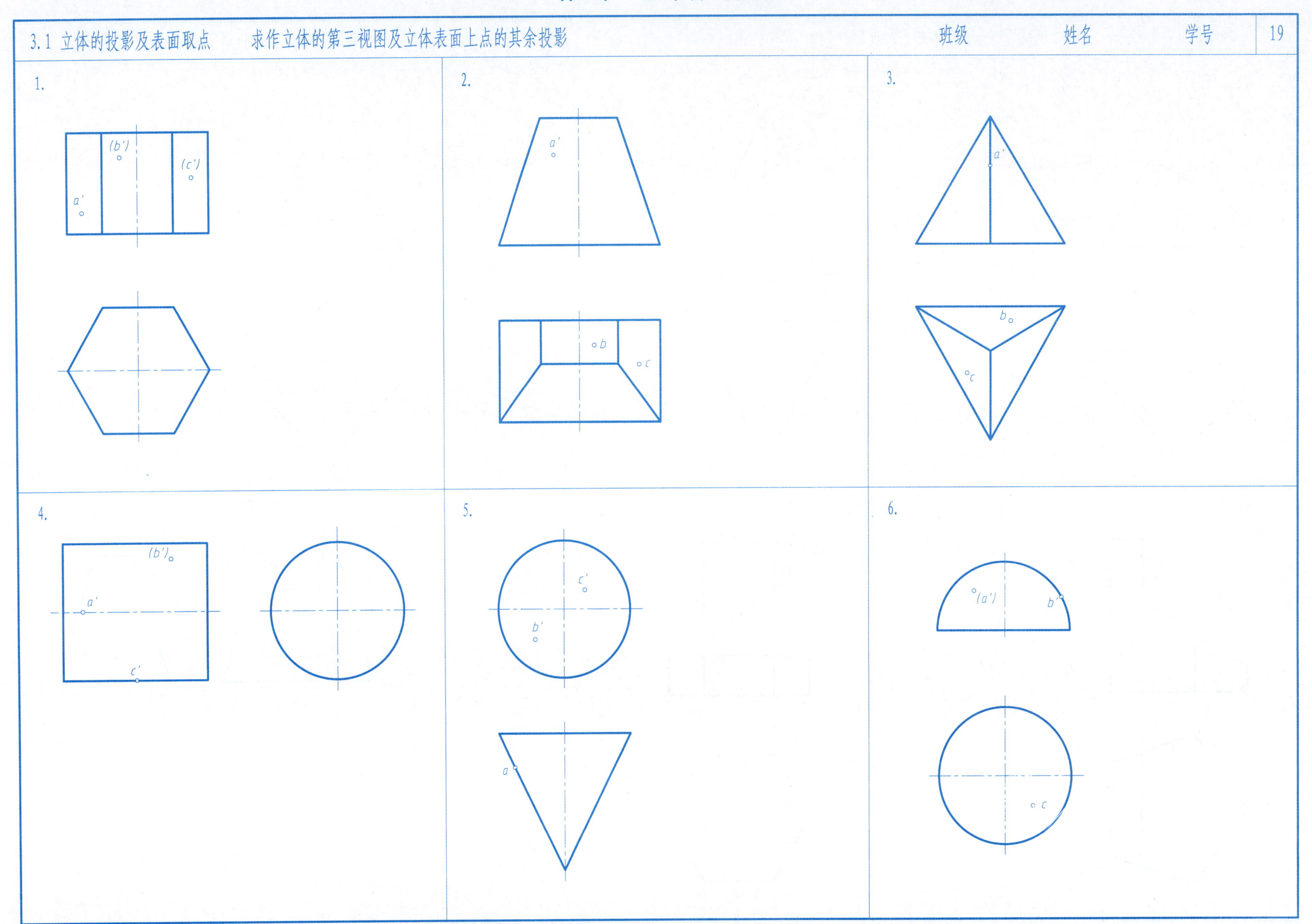

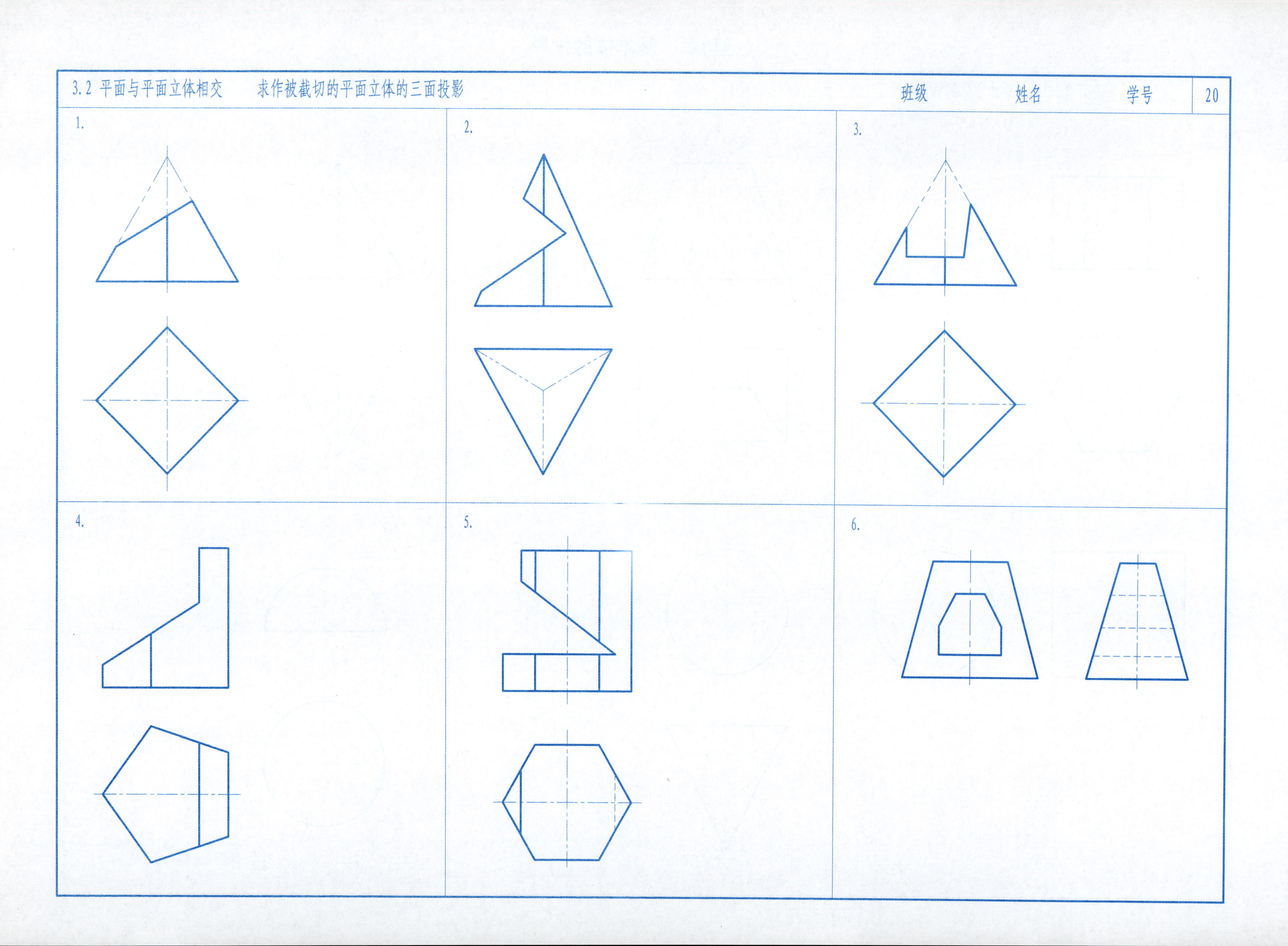
3.2 平面与平面立体相交　求作被截切的平面立体的三面投影
班级
姓名
学号
20
1.
2.
3.
4.
5.
6.

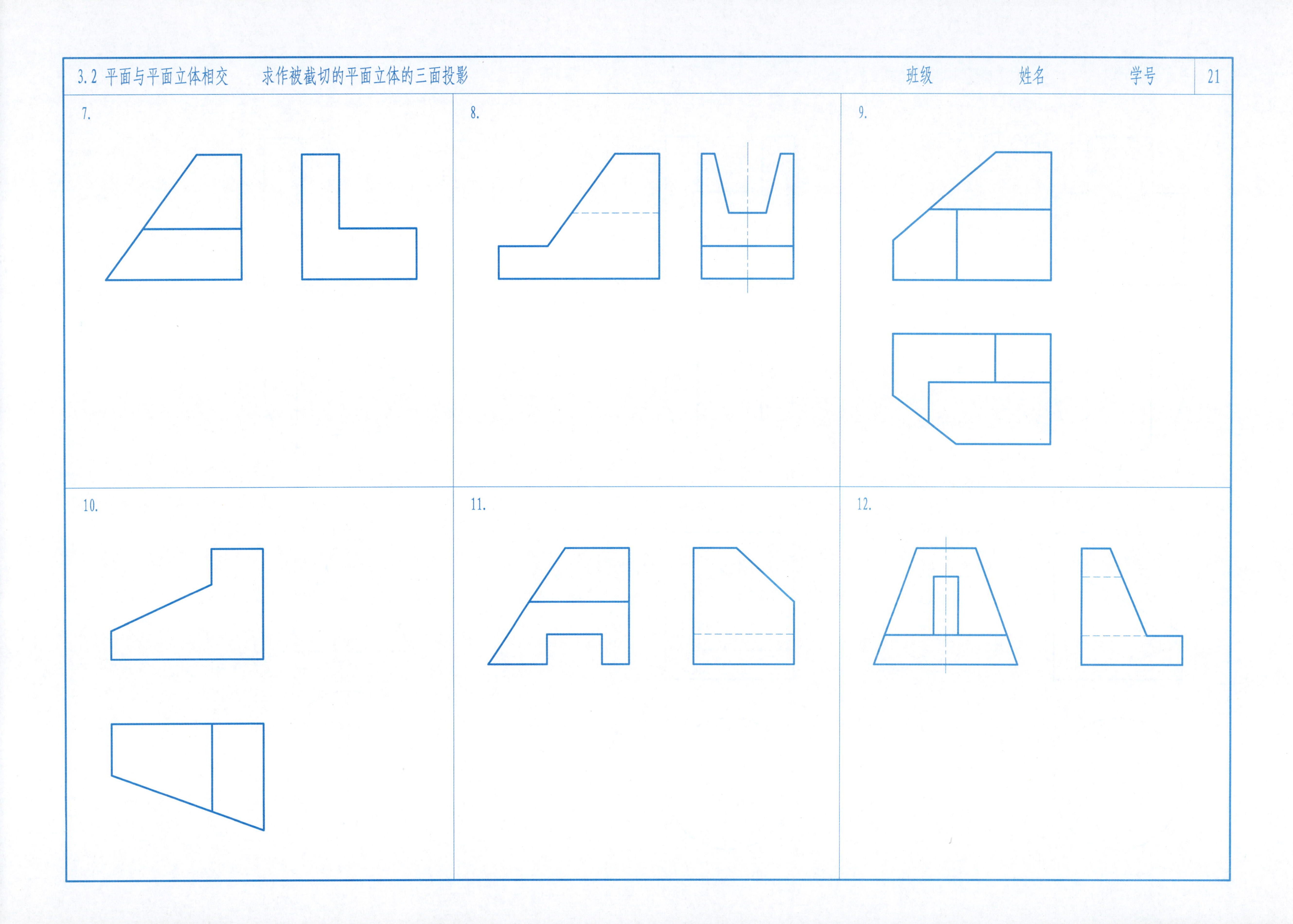
7.
8.
9.
10.
11.
12.

1.
2.
3.
4.
5.
6.

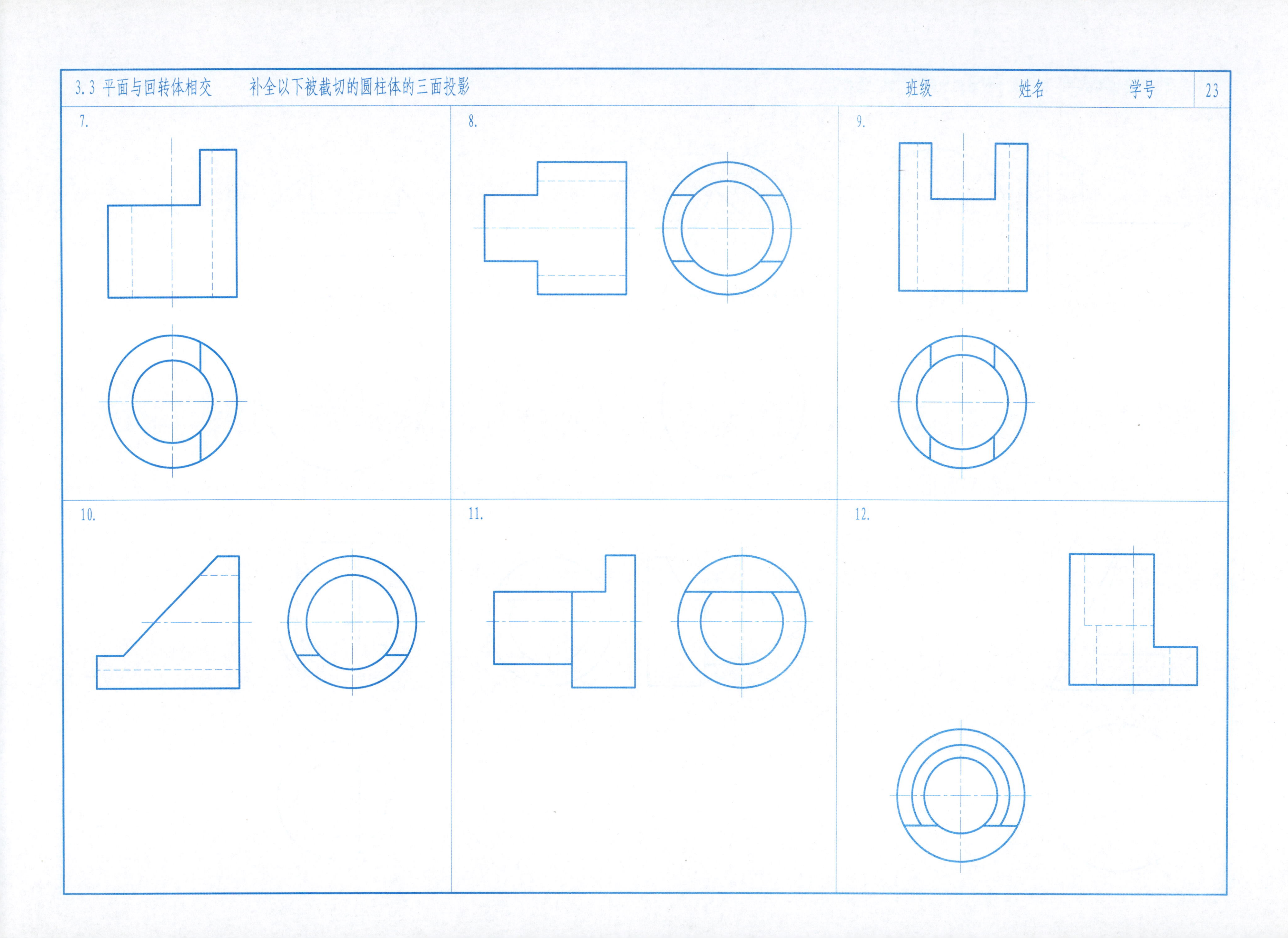
7.
8.
9.
10.
11.
12.

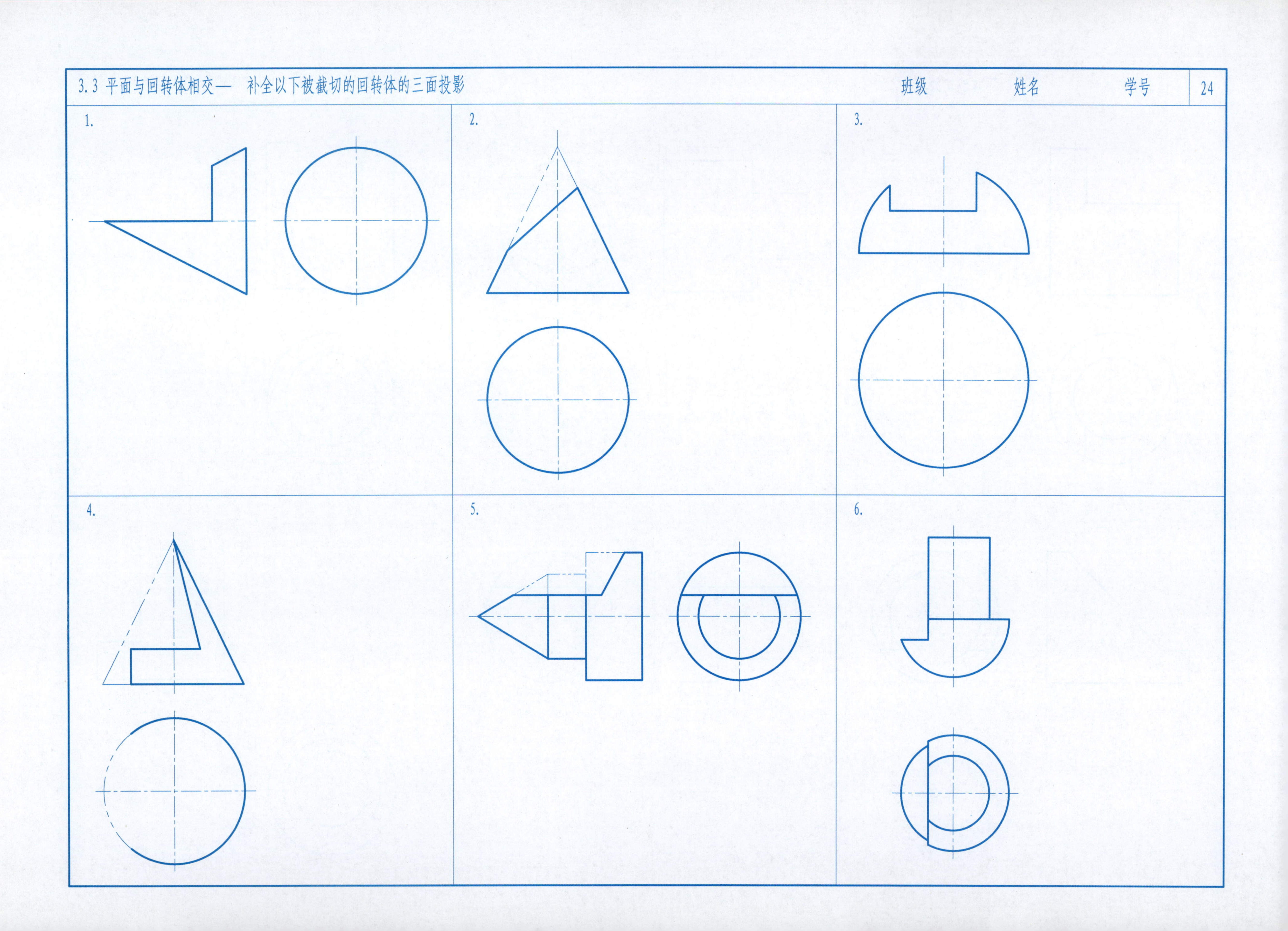

3.3 平面与回转体相交— 补全以下被截切的回转体的三面投影
班级
姓名
学号
24
1.
2.
3.
4.
5.
6.

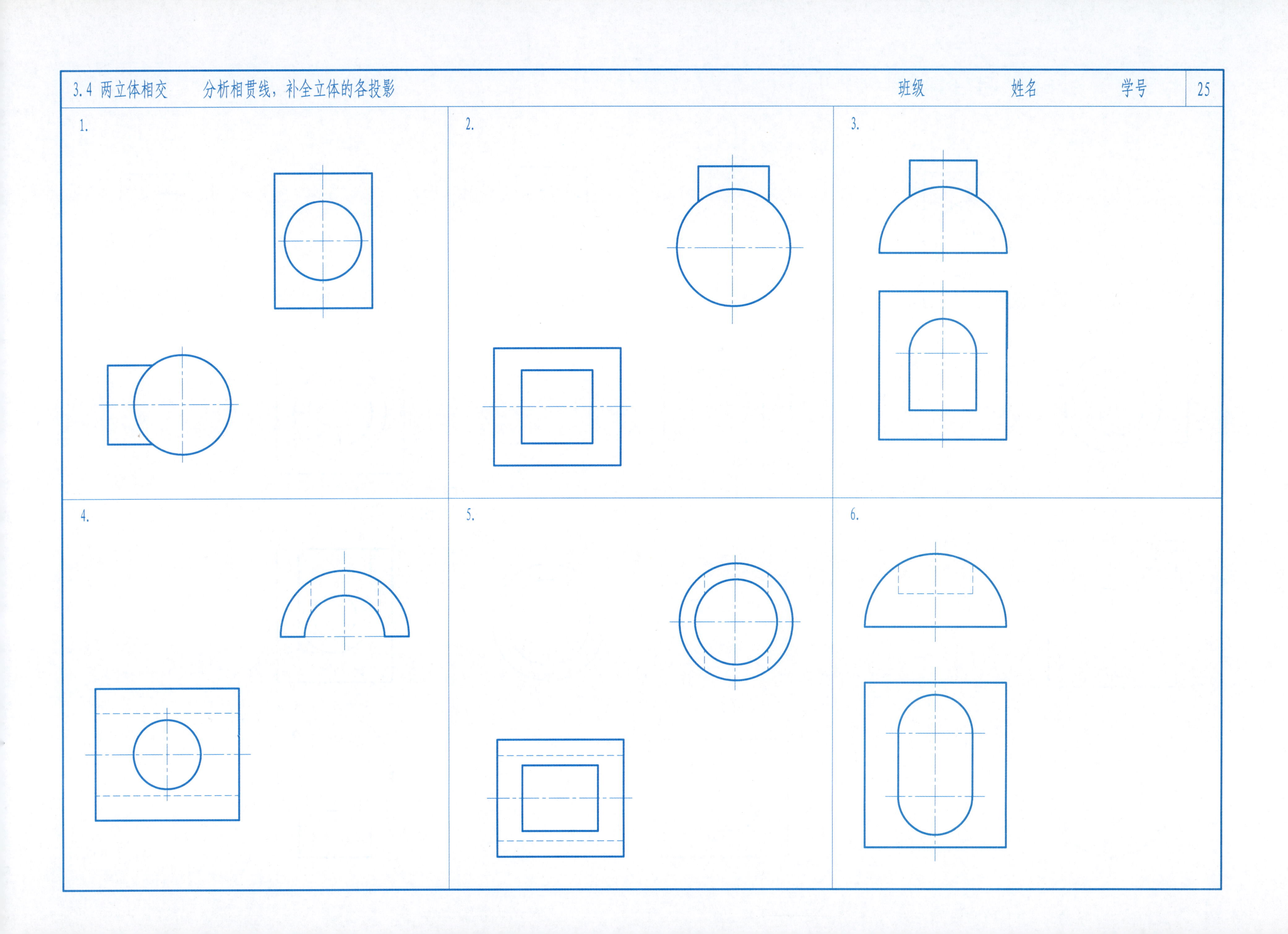
1.
2.
3.
4.
5.
6.

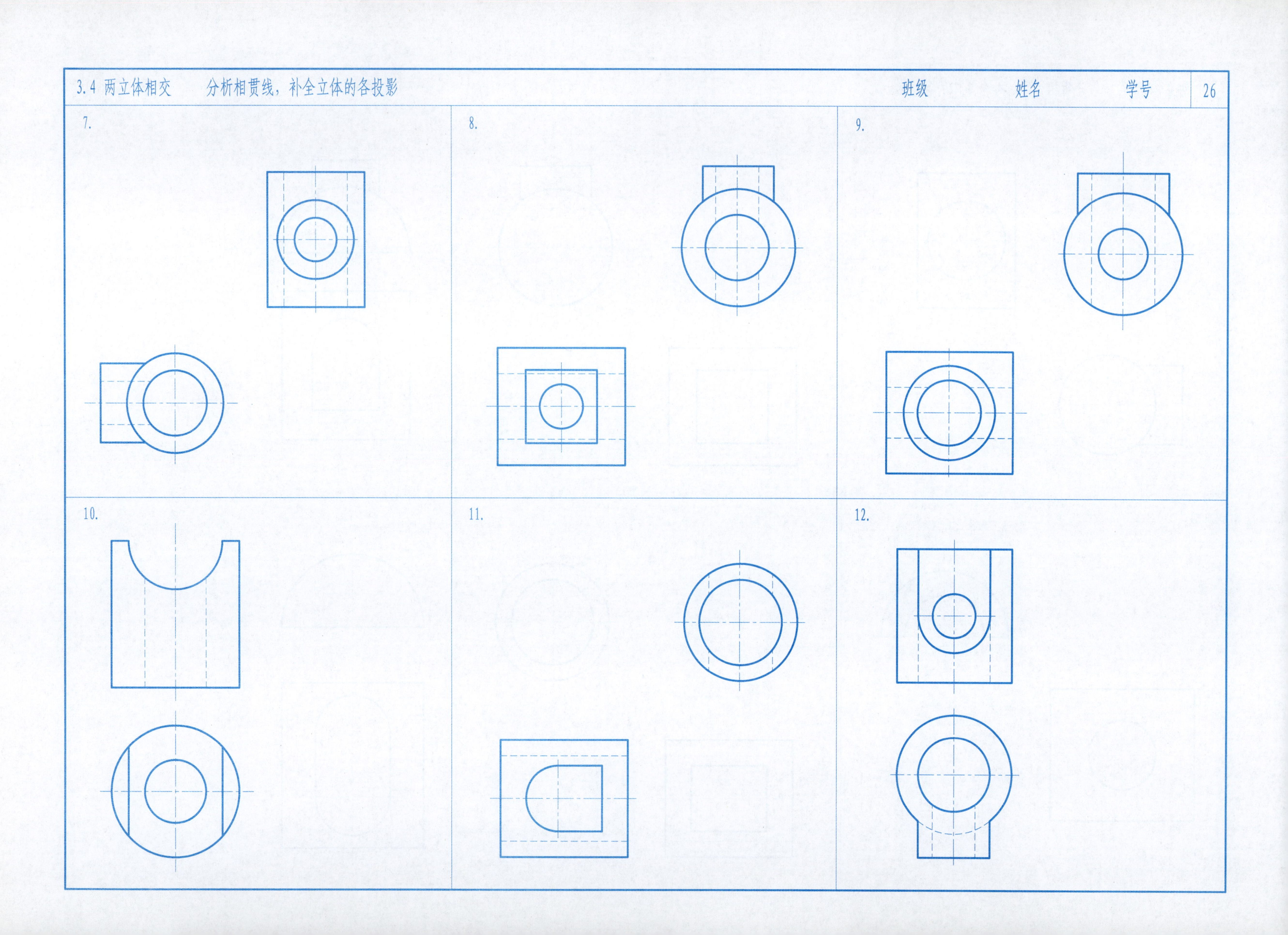

7.
8.
9.
10.
11.
12.

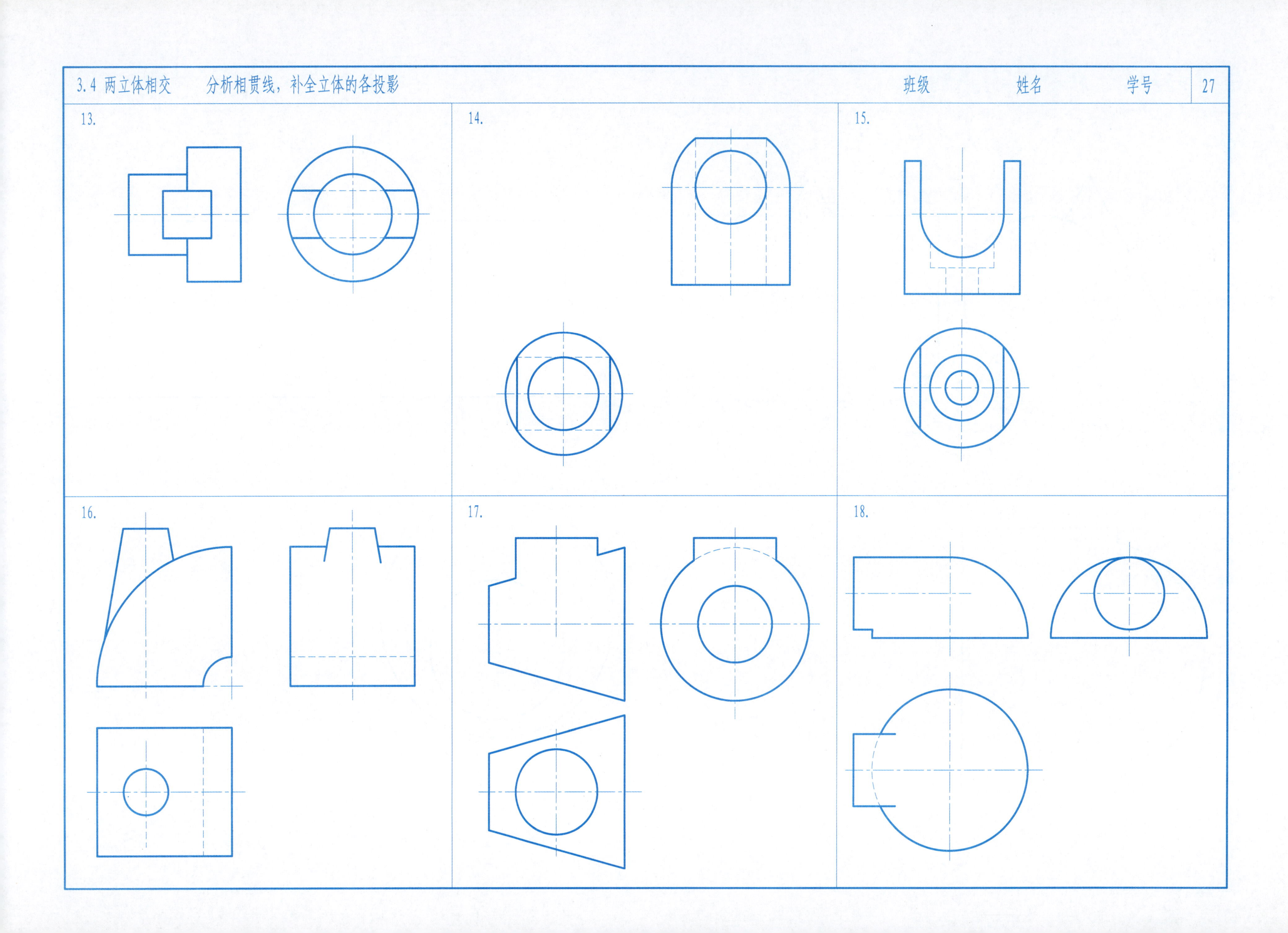
3.4 两立体相交
分析相贯线，补全立体的各投影
班级
姓名
学号
27
13.
14.
15.
16.
17.
18.

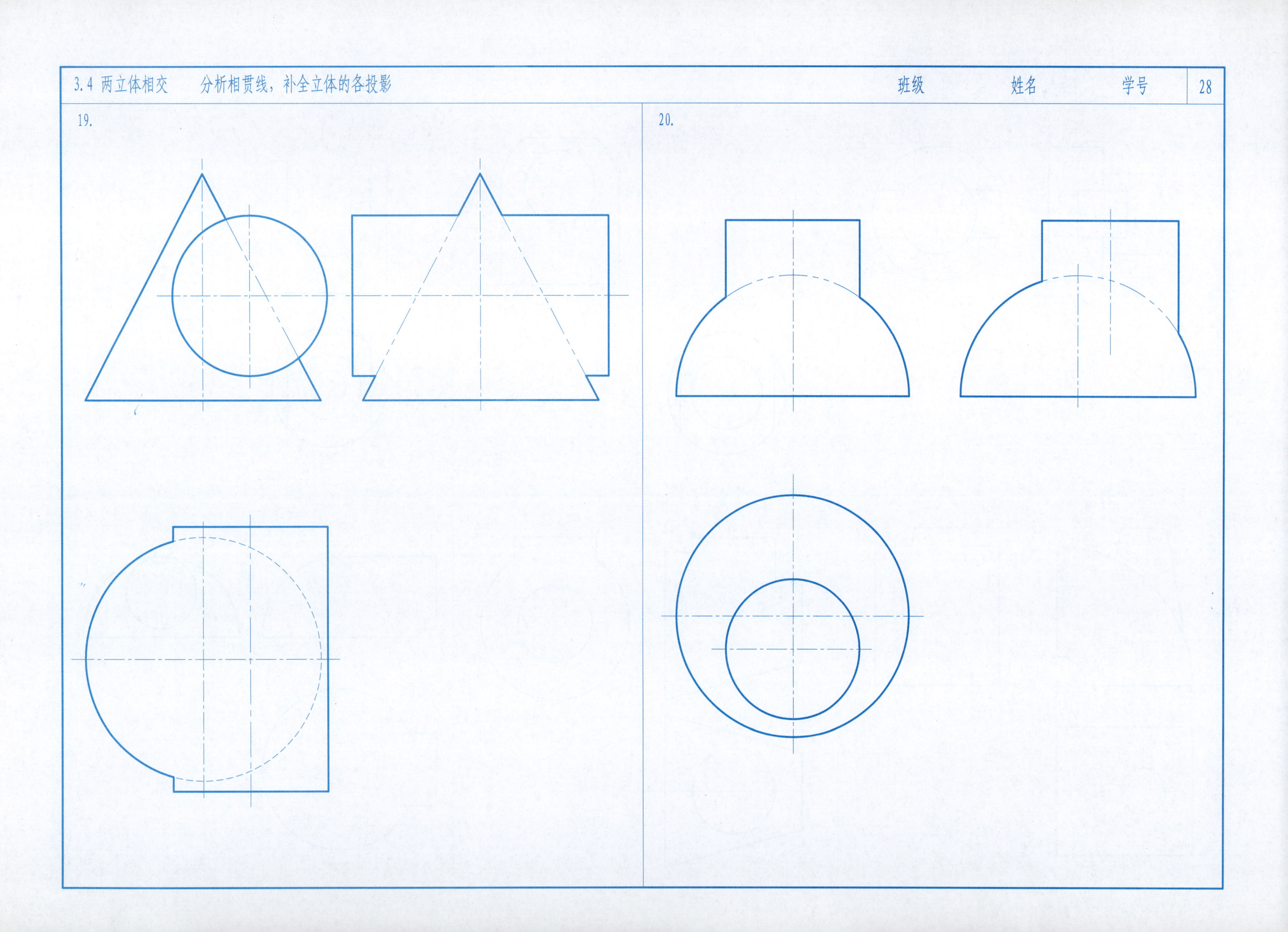
19.
20.

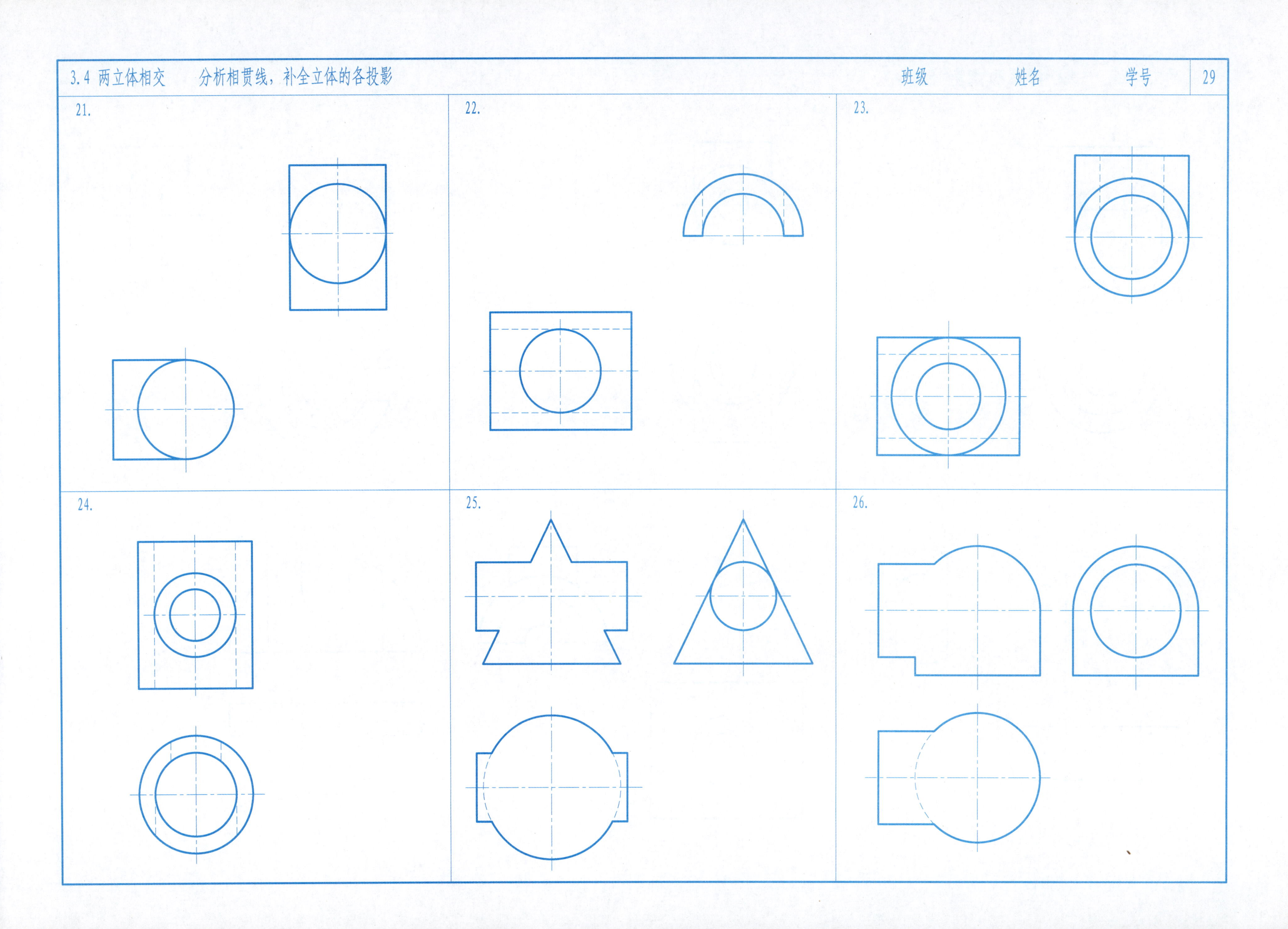
3.4 两立体相交 分析相贯线，补全立体的各投影
班级
姓名
学号
29
21.
22.
23.
24.
25.
26.

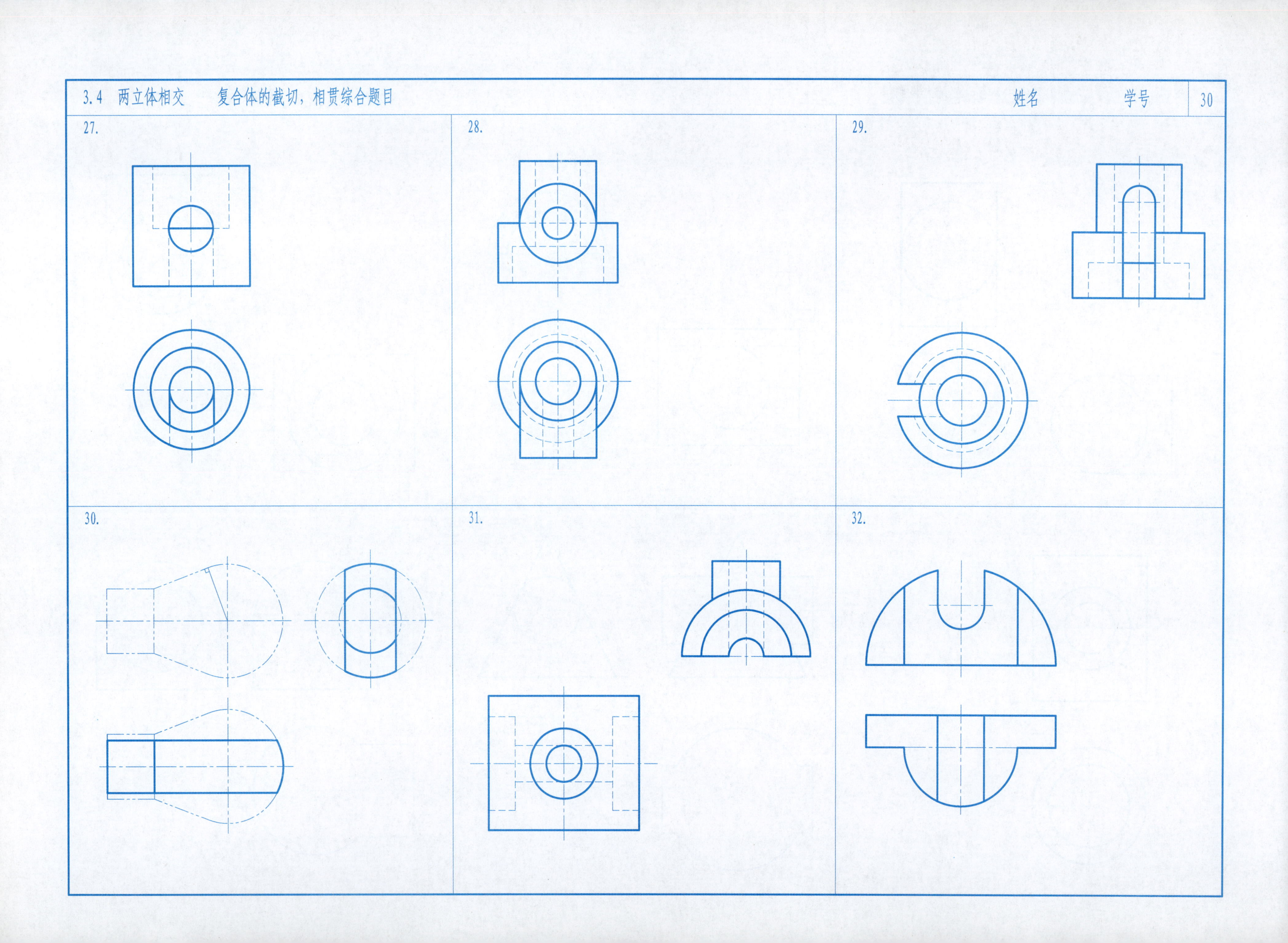
27.
28.
29.
30.
31.
32.

4.1 组合体的投影 补全组合体三视图中的漏线 班级 姓名 学号

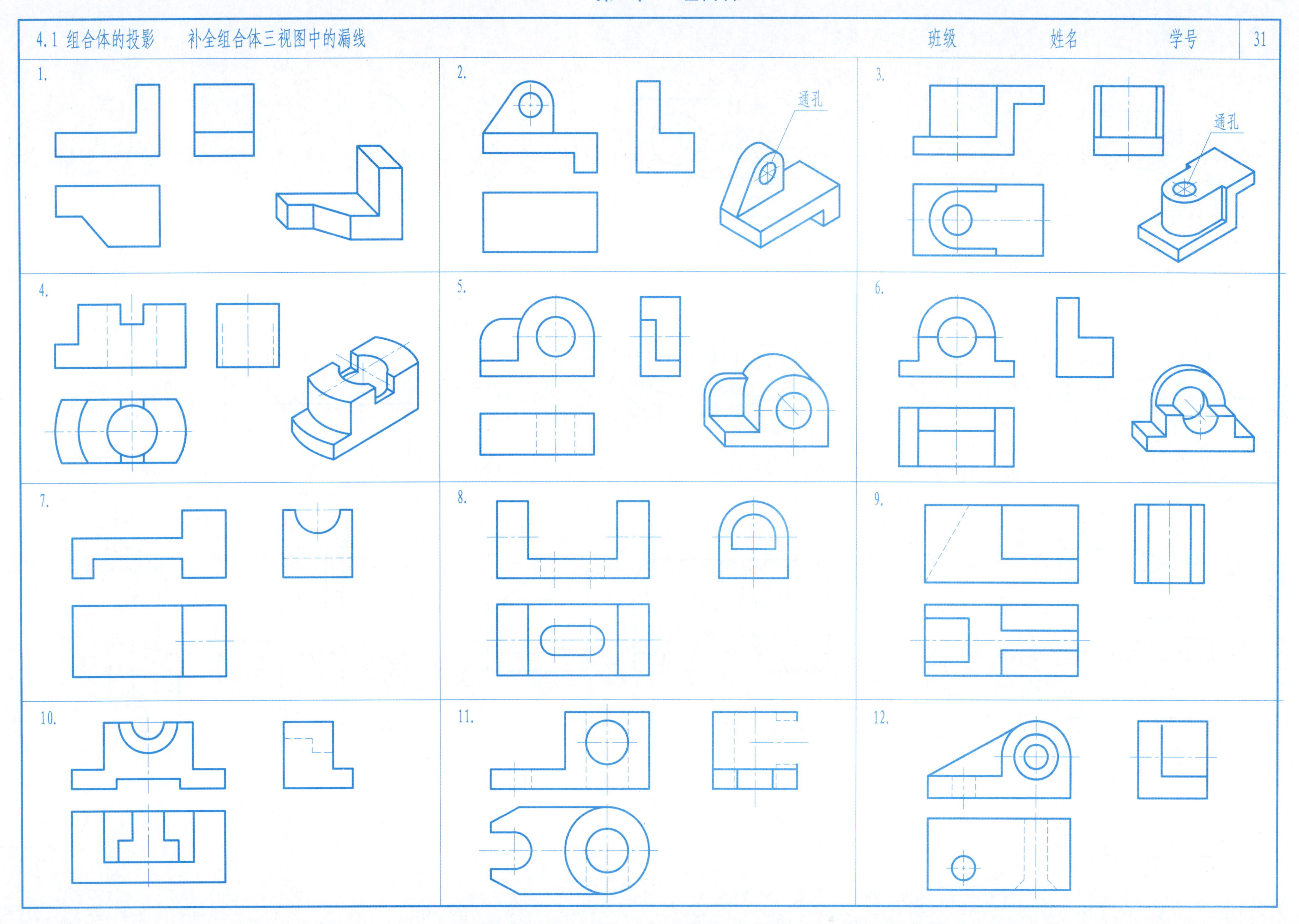

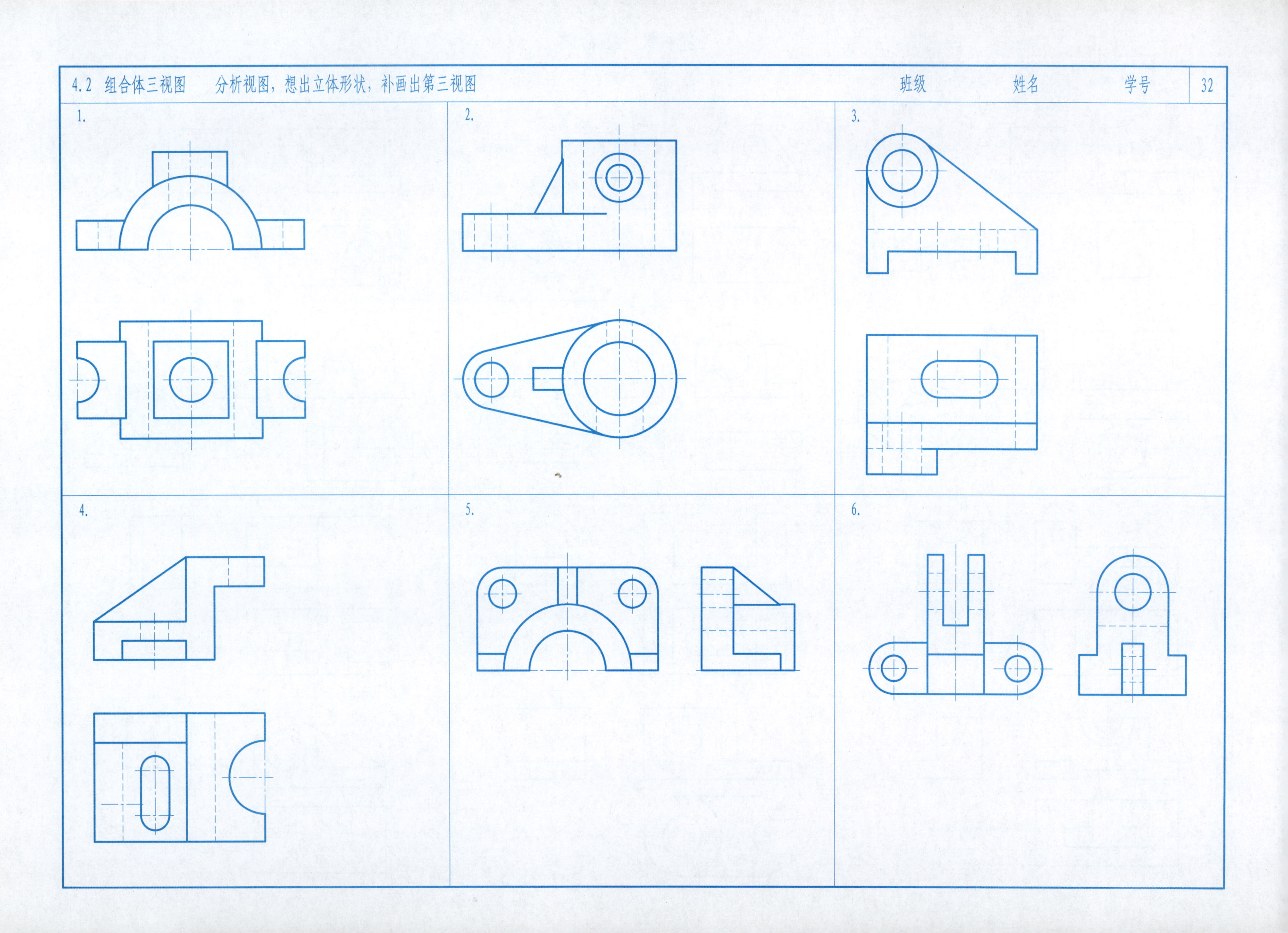
4.2 组合体三视图 分析视图，想出立体形状，补画出第三视图
班级
姓名
学号
32
1.
2.
3.
4.
5.
6.

7.

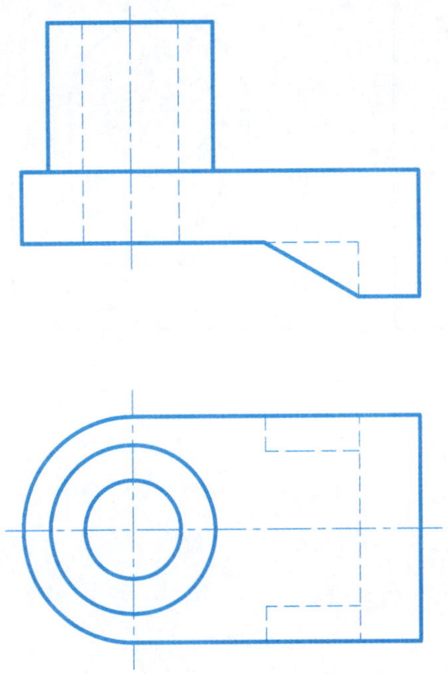

8.

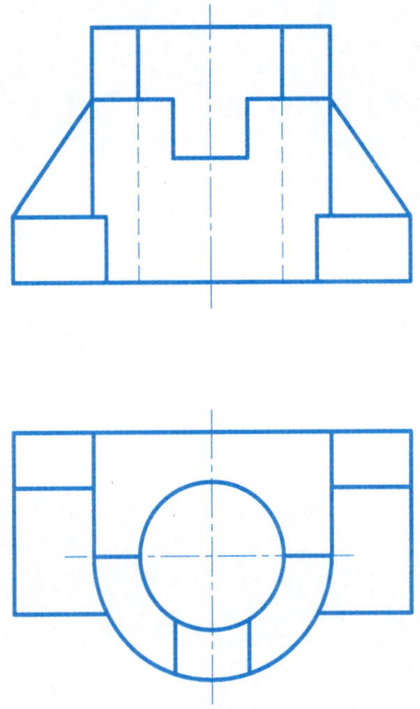

9.

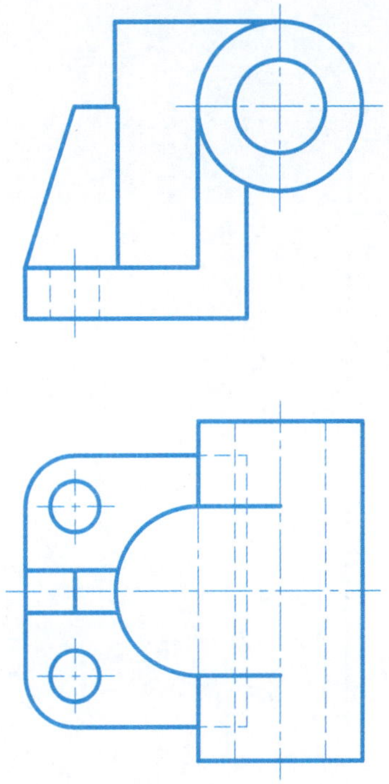

10.

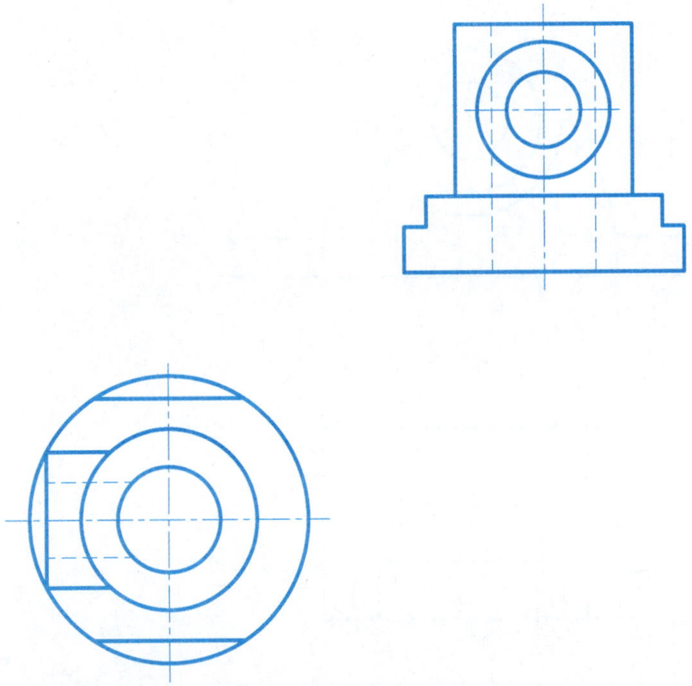

11.

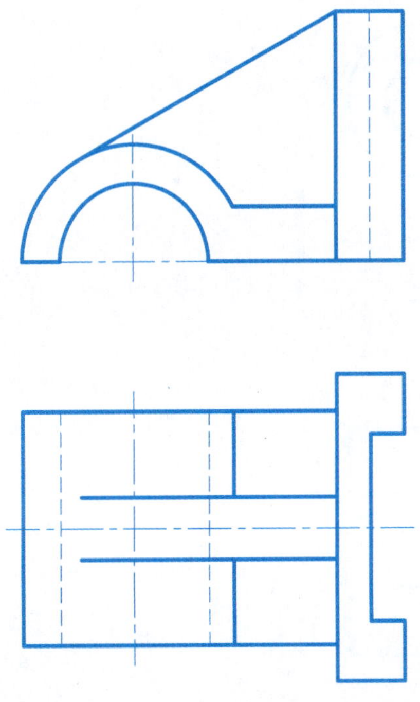

12.

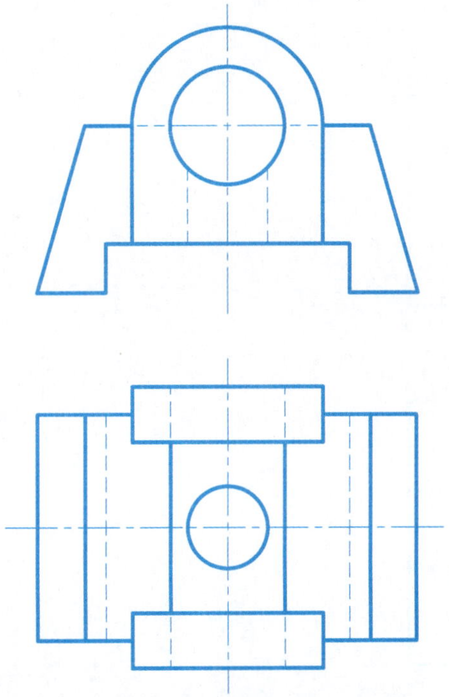

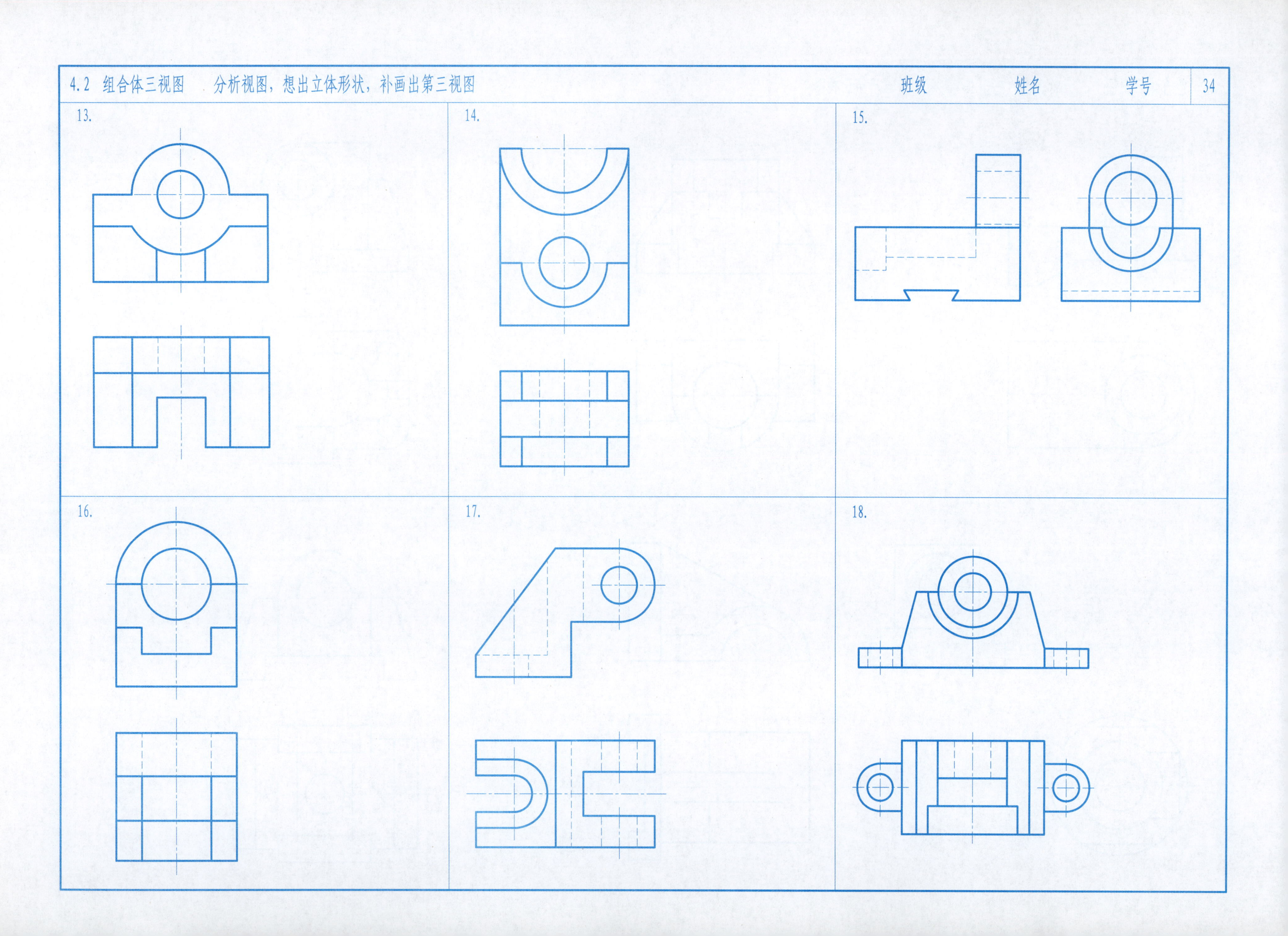
13.
14.
15.
16.
17.
18.

19.

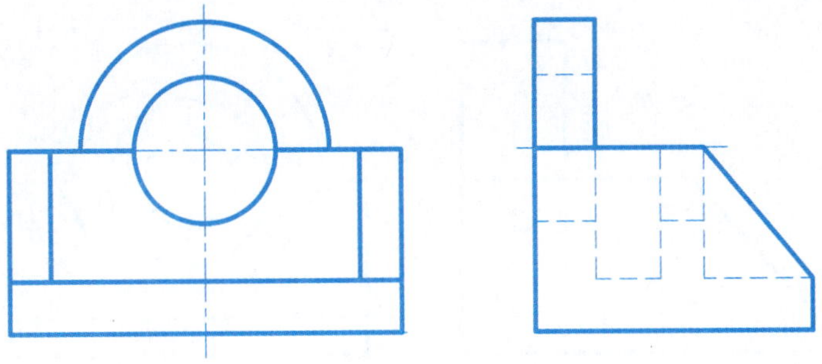

20.

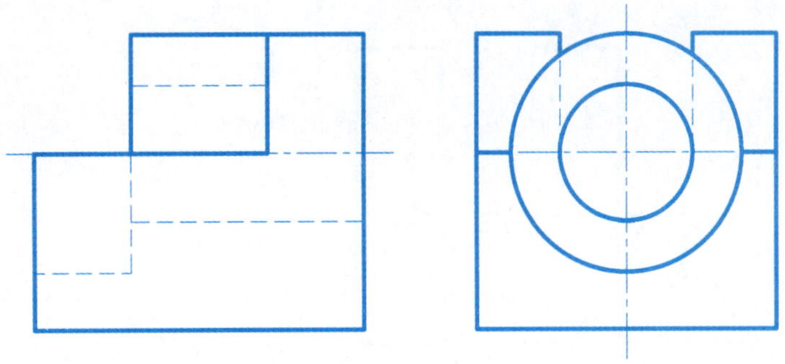

21.

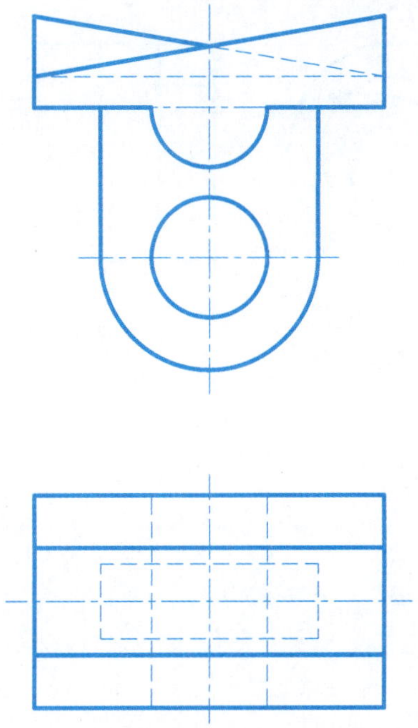

22.

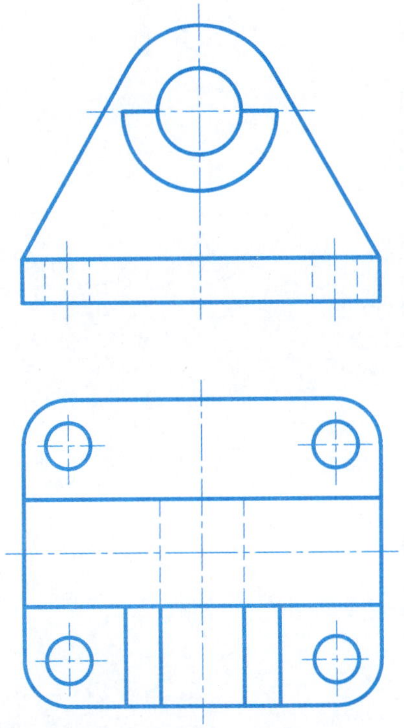

23.

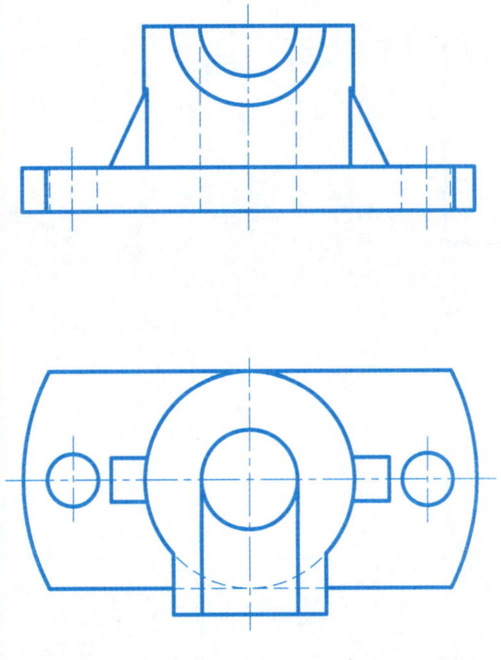

24.

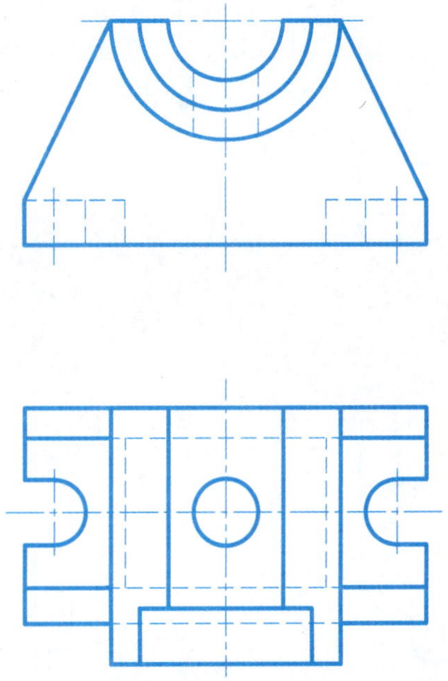

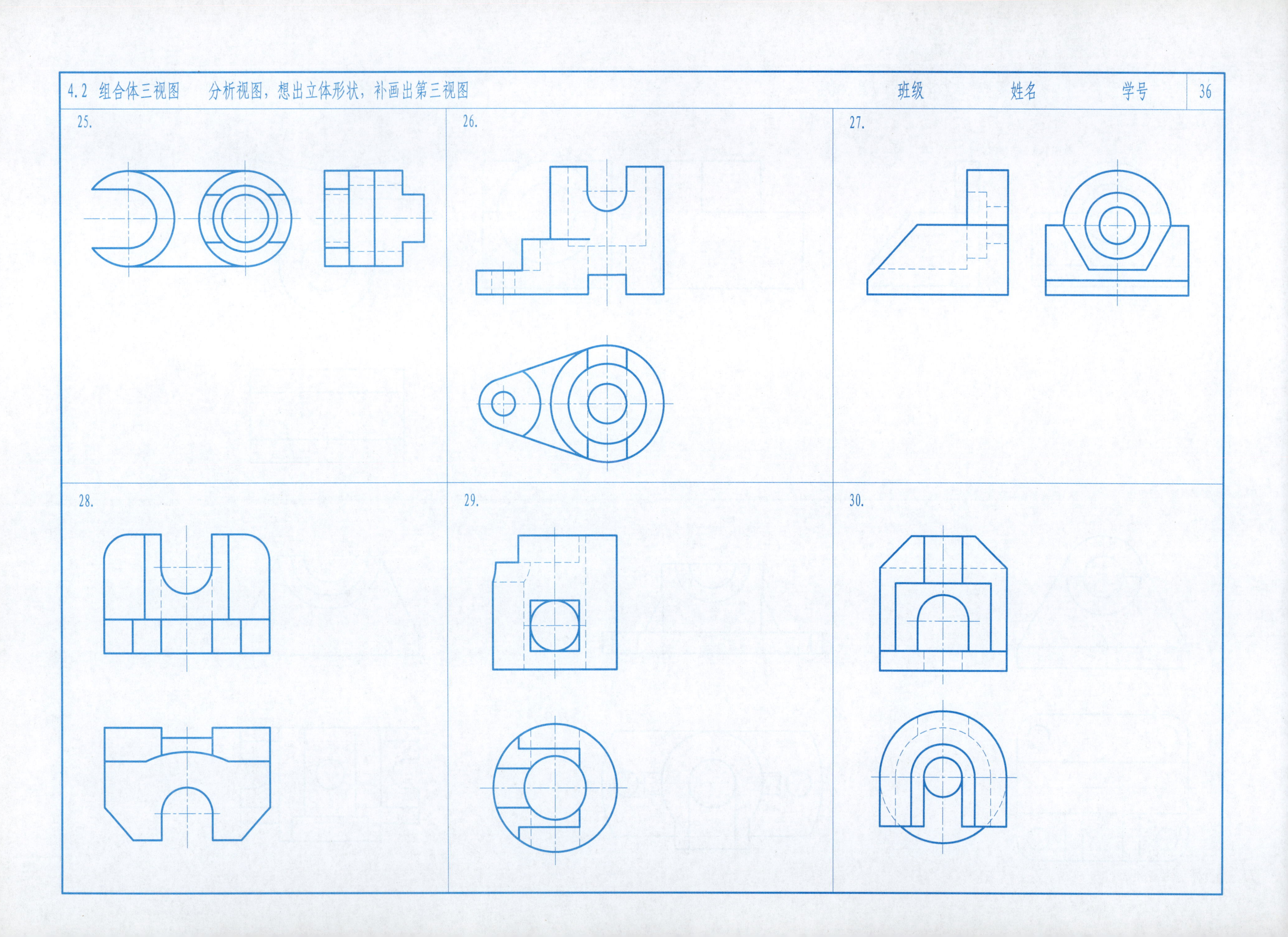

25.
26.
27.
28.
29.
30.

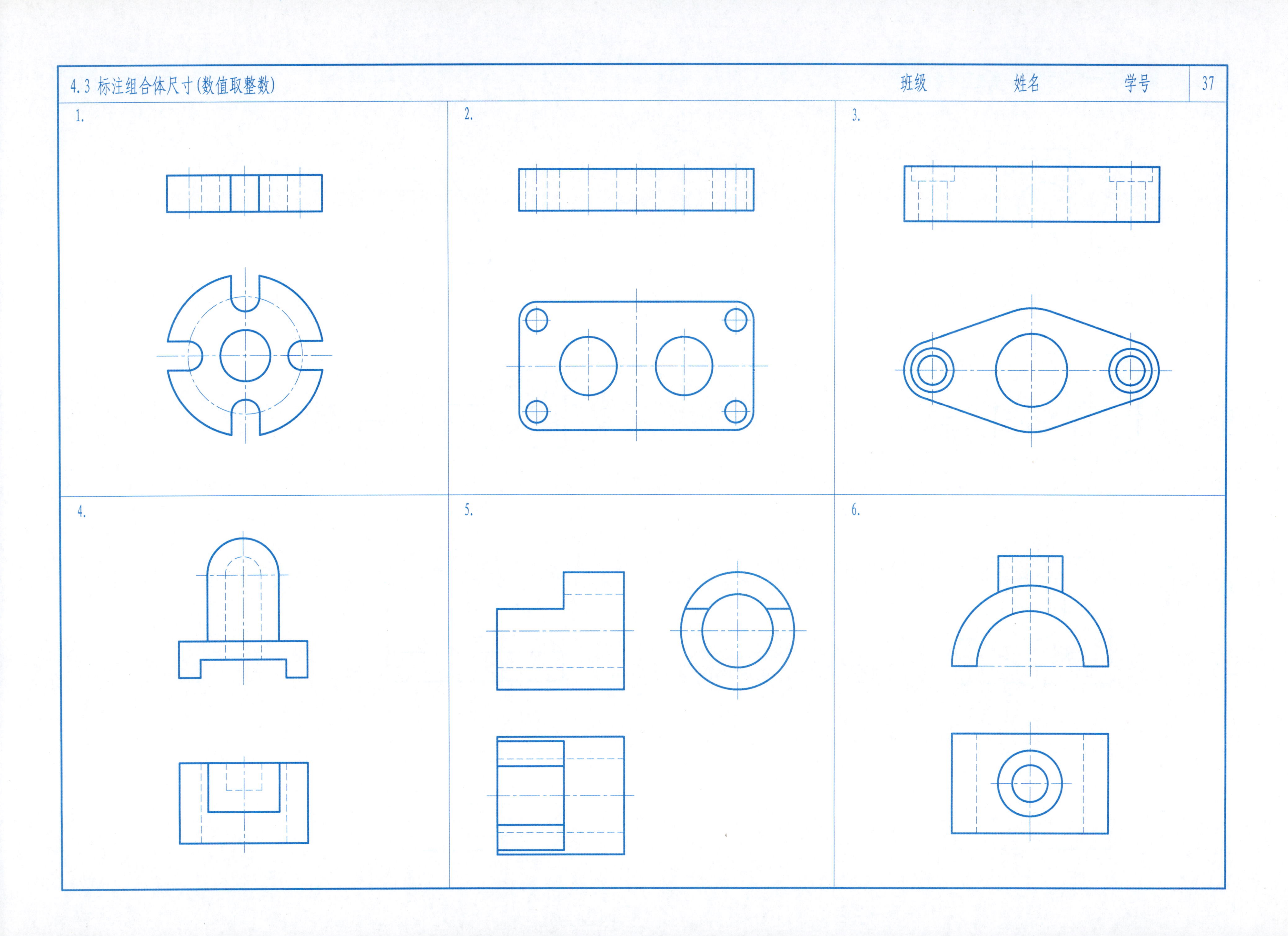
4.3 标注组合体尺寸(数值取整数)
班级
姓名
学号
37
1.
2.
3.
4.
5.
6.

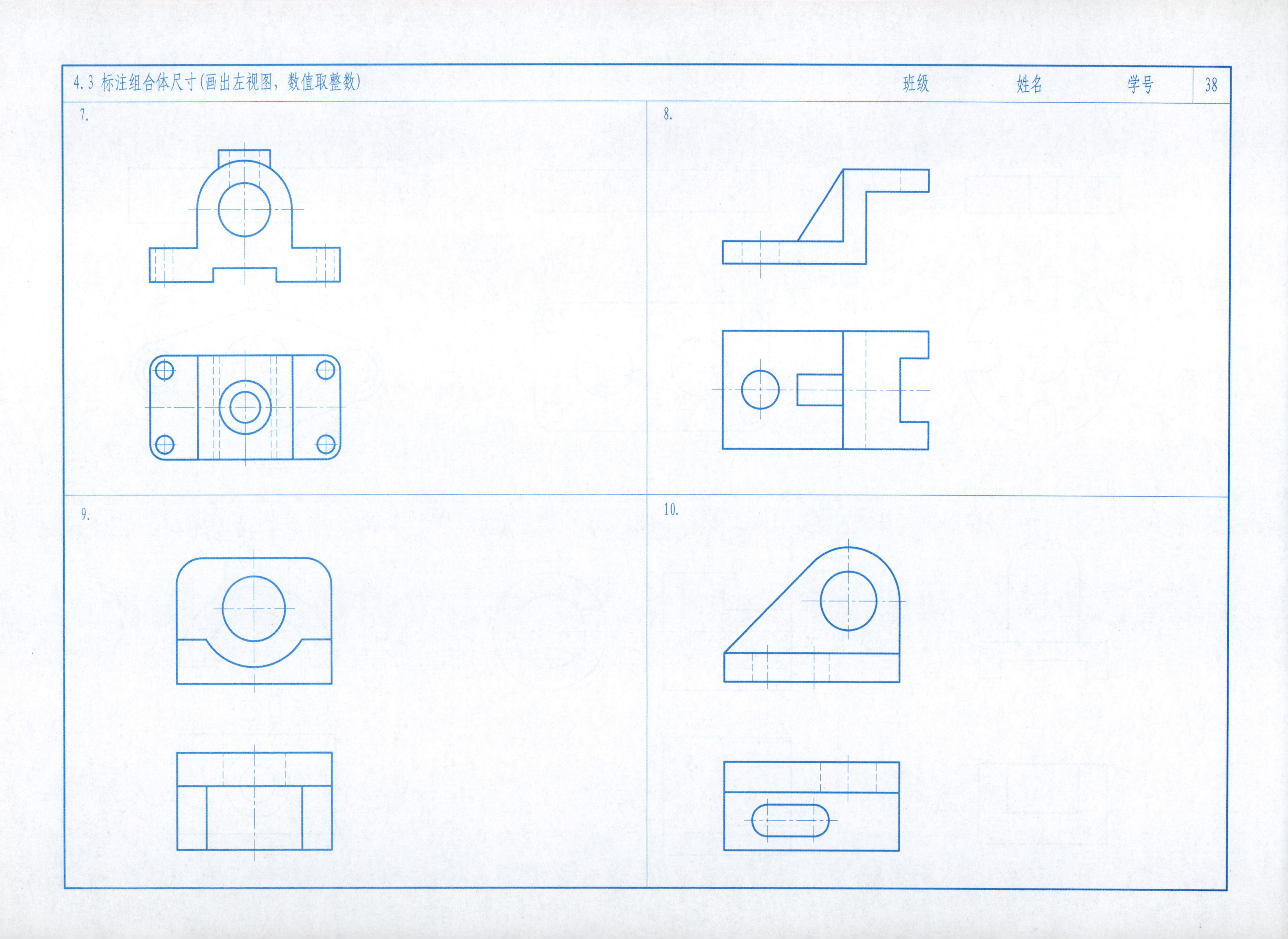

7.
8.
9.
10.

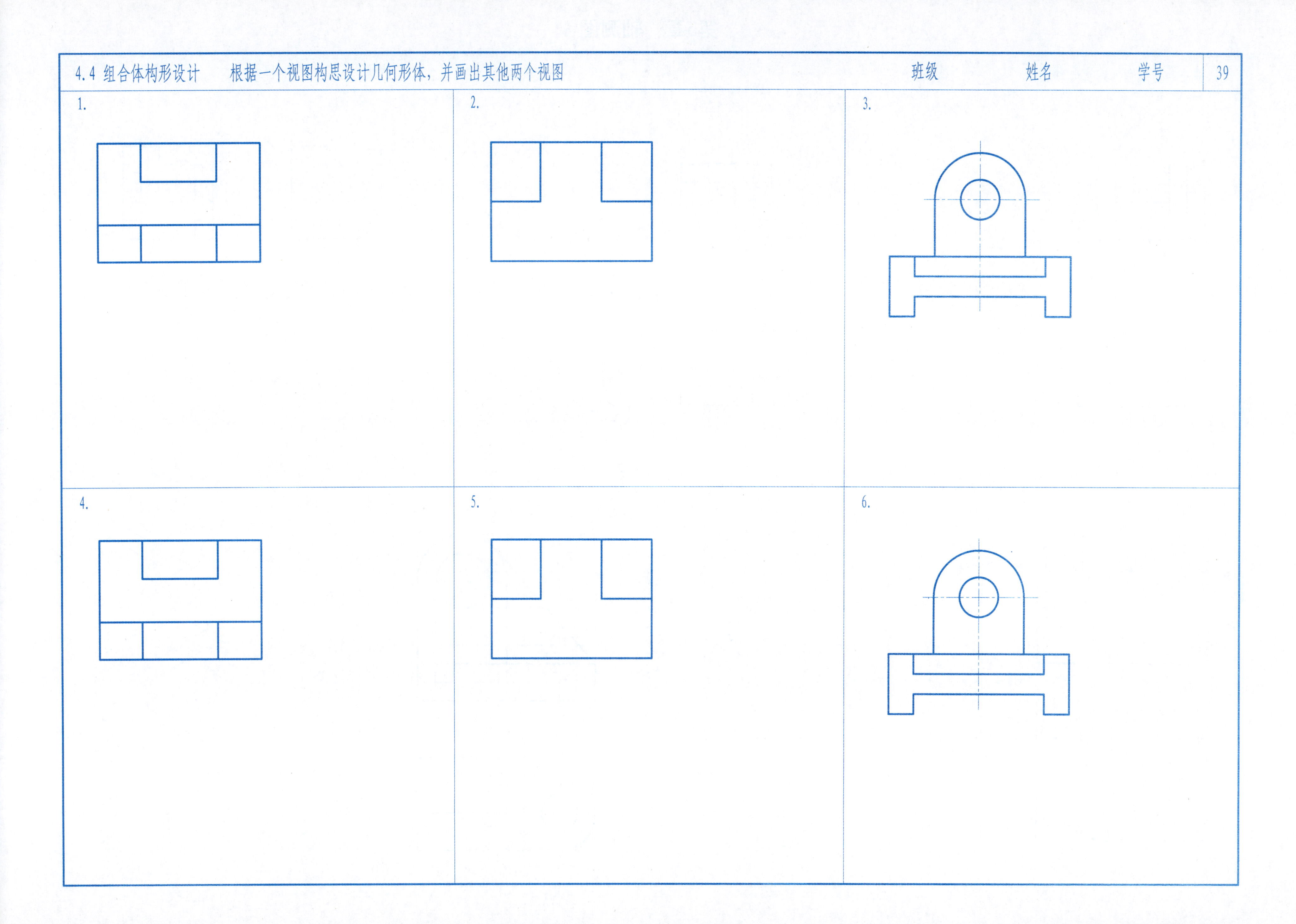

1.
2.
3.
4.
5.
6.

5.1 徒手画出组合体的正等轴测图 班级 姓名 学号

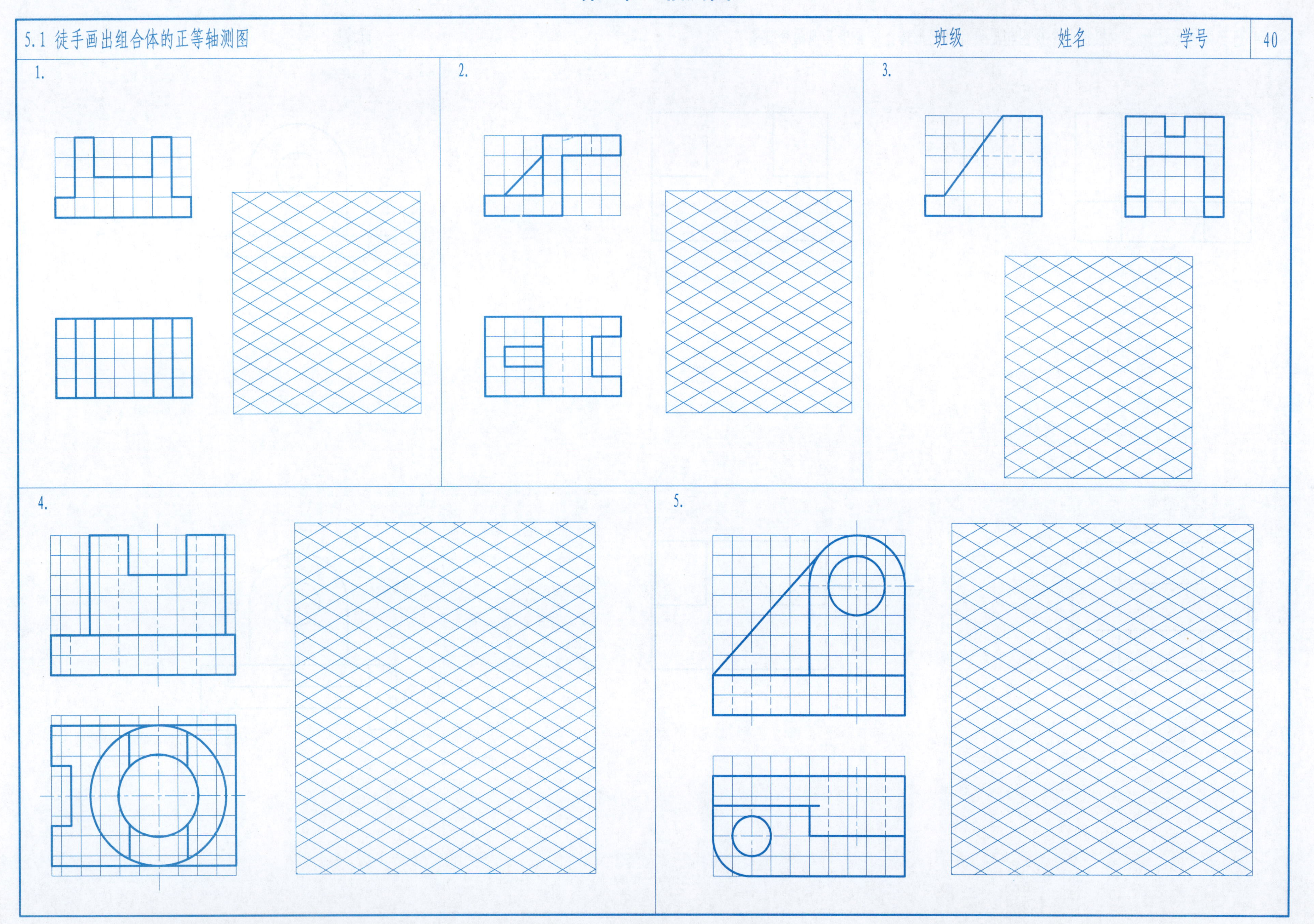

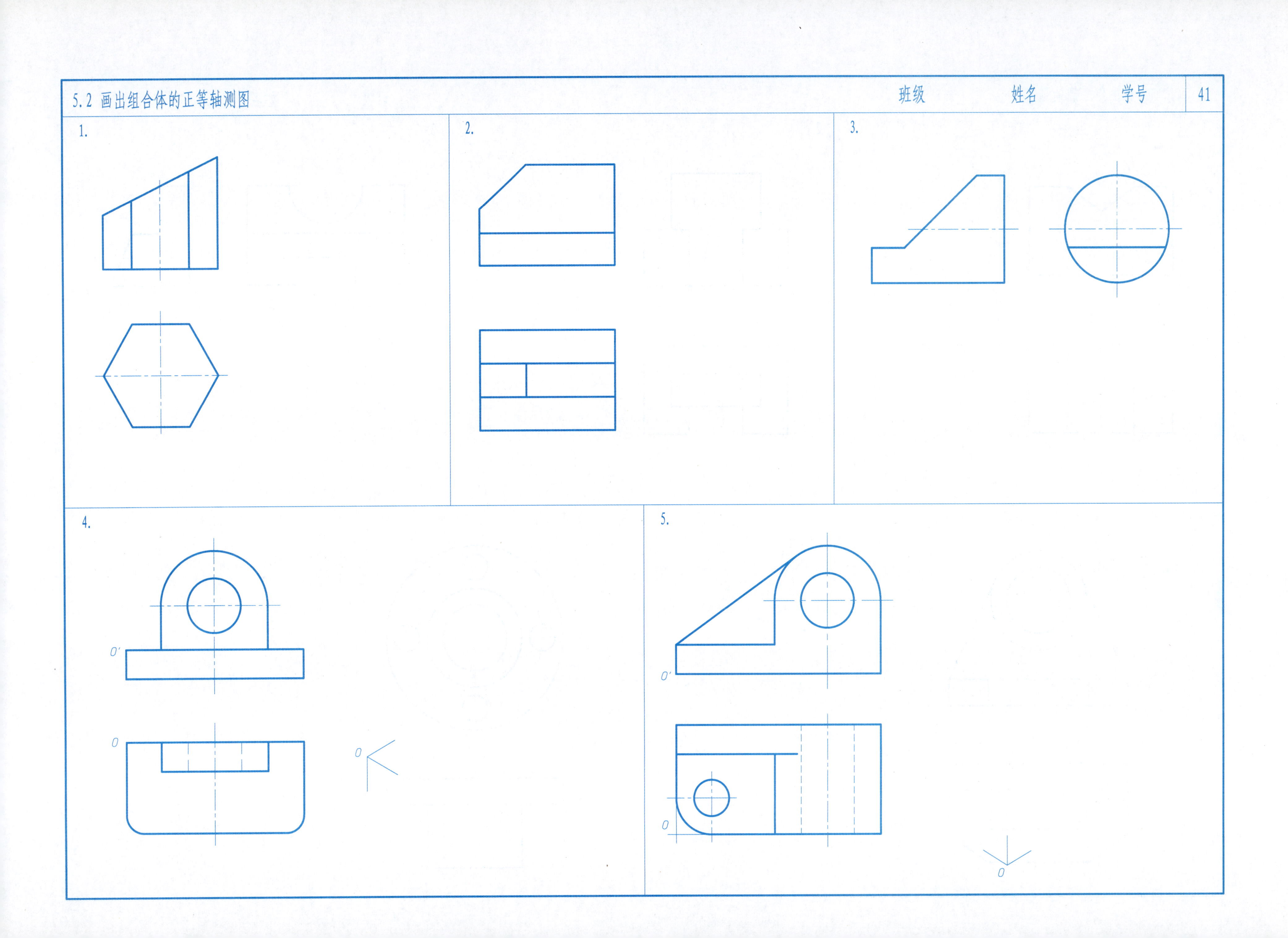

5.2 画出组合体的正等轴测图
班级
姓名
学号
41
1.
2.
3.
4.
O'
O
O
5.
O'
O
O

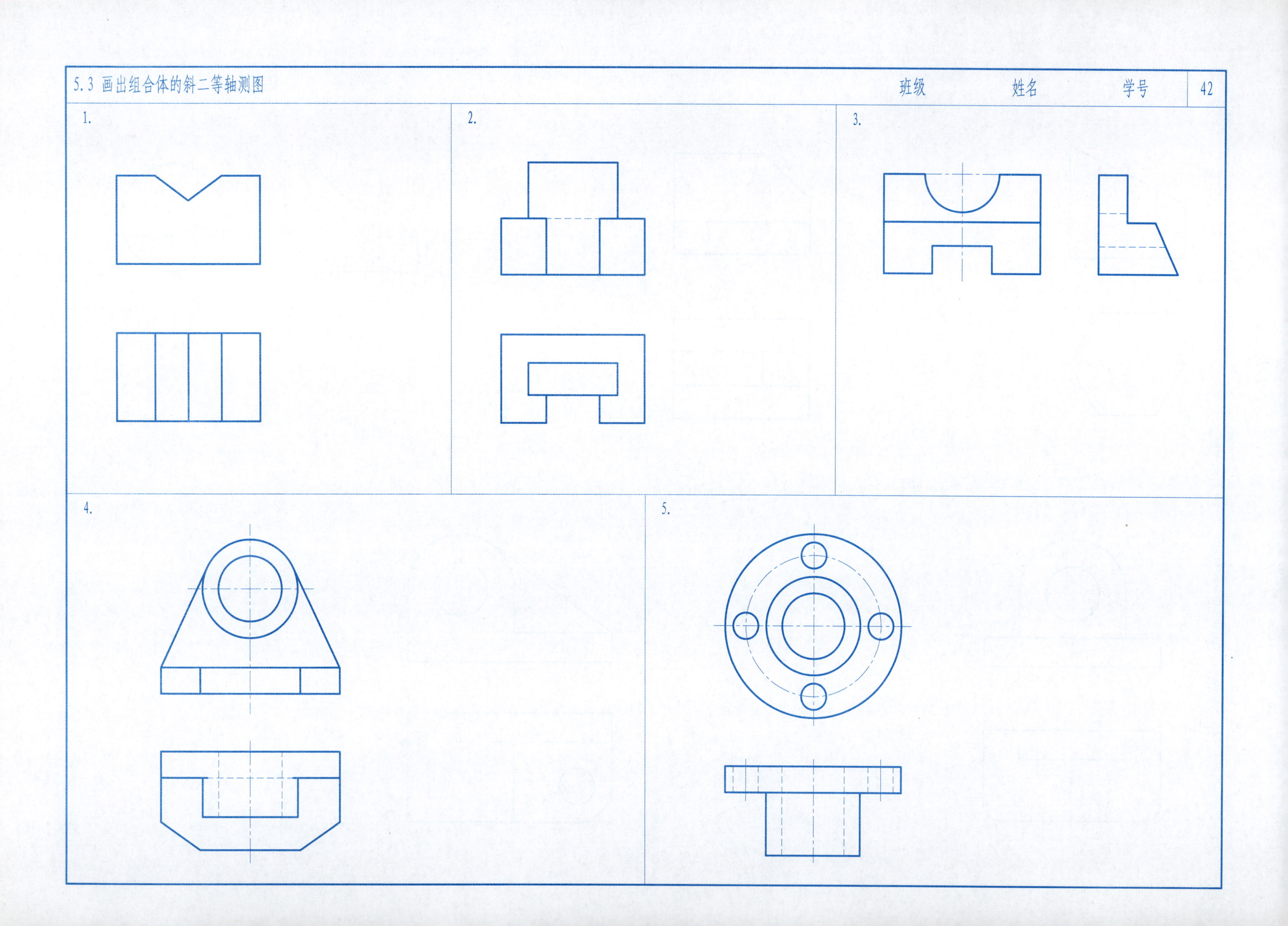
5.3 画出组合体的斜二等轴测图
班级
姓名
学号
42
1.
2.
3.
4.
5.

一、作业内容

1. 根据两个视图(选择其中一个分题)，画出第三个视图。
2. 画出正等轴测图。
3. 标注尺寸。

二、作业目的

1. 提高组合体的读图、画图能力。
2. 掌握正等轴测图的画法和步骤。

三、作业提示

1. 根据给出的两个视图，用形体分析法和线面分析法想象出组合体的空间形状。
2. 用A3幅面图纸，考虑标注尺寸的位置，按1:1画出三个视图及正等轴测图，布图应均匀。
3. 尺寸标注要完整、清晰，符合国家标准的规定。由于给出的作业是两个视图，故所标注的尺寸有的不合理，补画出第三视图后，应对原注尺寸作适当调整。
4. 图名填“组合体”，图号填“02”。
5. 正等轴测图应按形体分析法先画出基本形体，后画细部，要求准确绘制。

1.

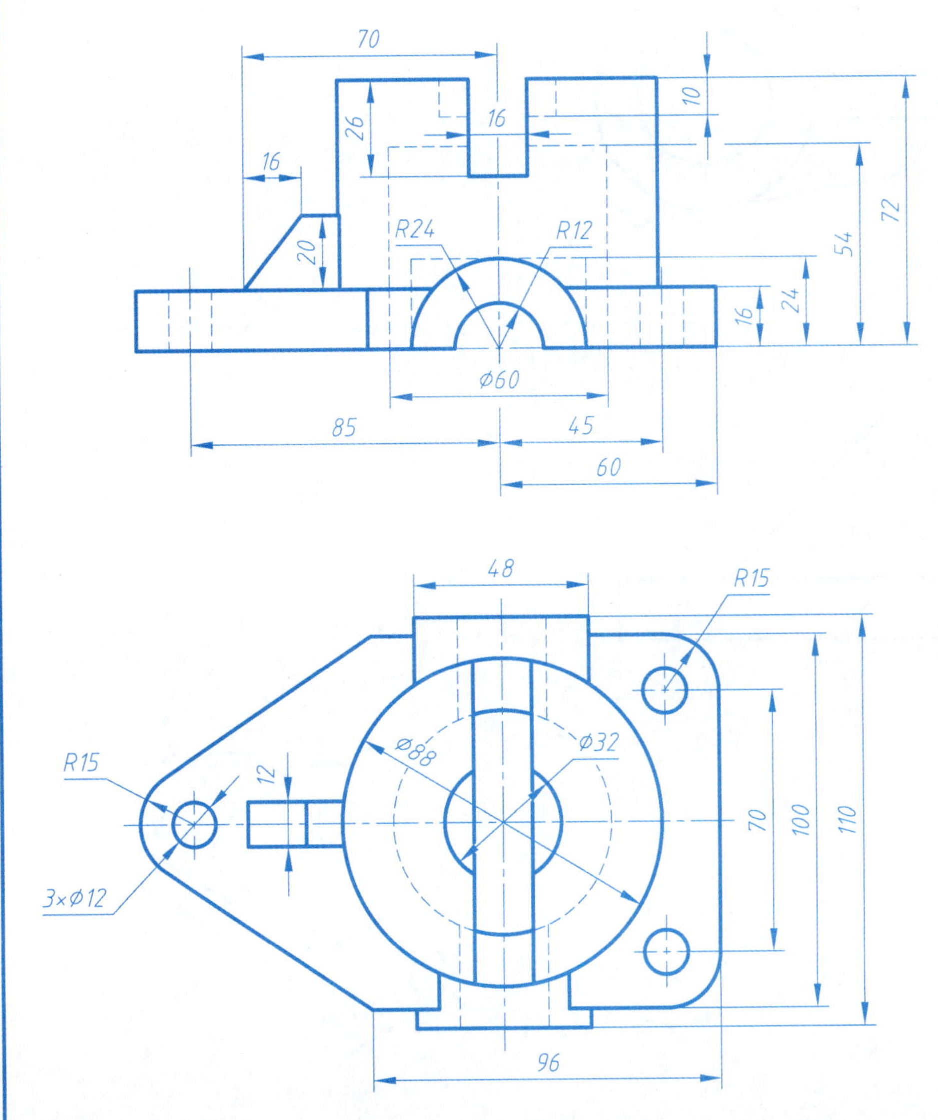

2.

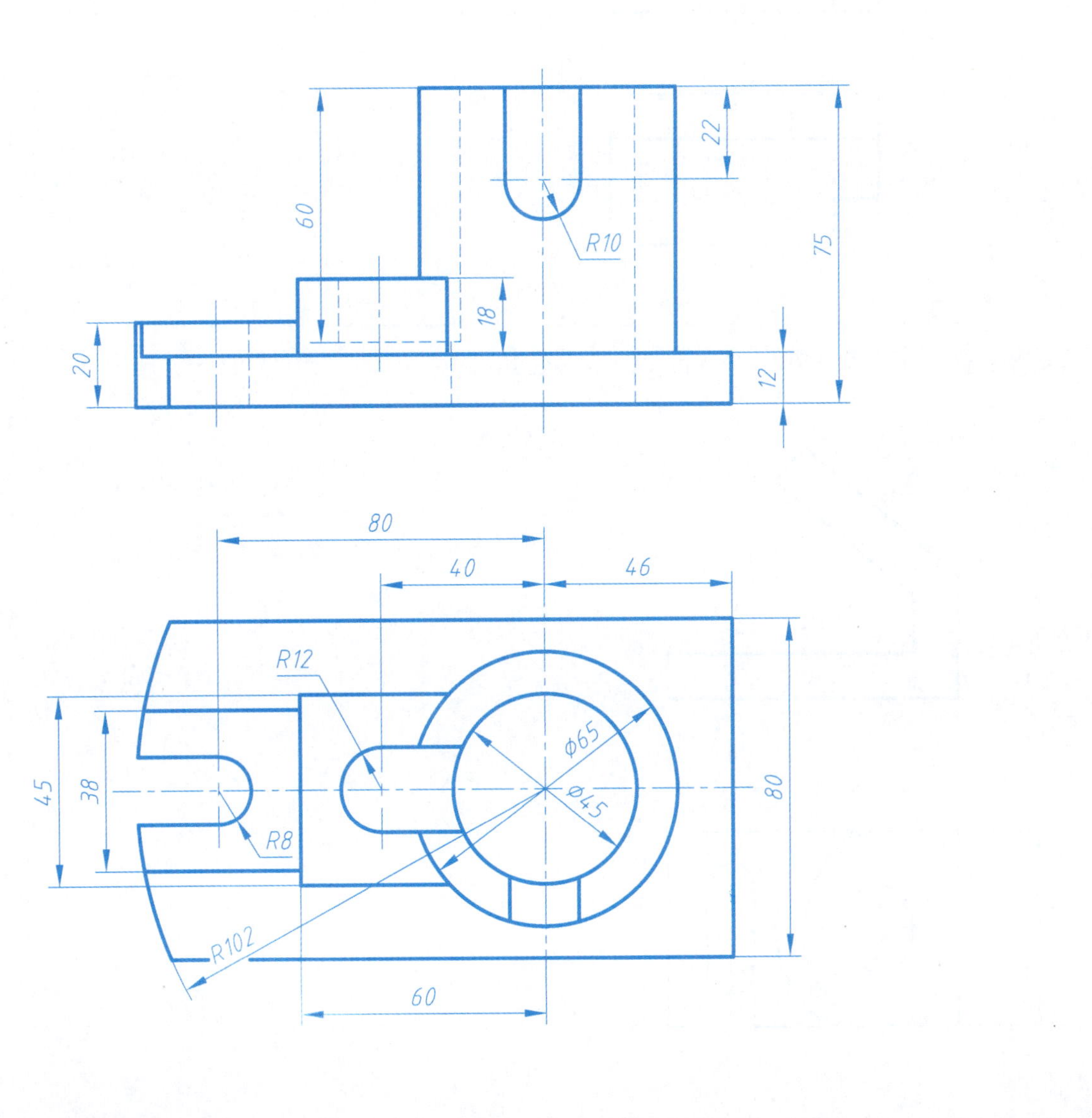

6.1 视图　　班级　　姓名　　学号　　

1. 分析视图，想出形状，补画出其余三个基本视图。

2. 画出机件的F、K向局部视图。

3. 在指定的位置处，画出机件的F向斜视图及K向局部视图。

4. 根据立体图和主视图，在指定位置画出F、K向局部视图和M向斜视图。

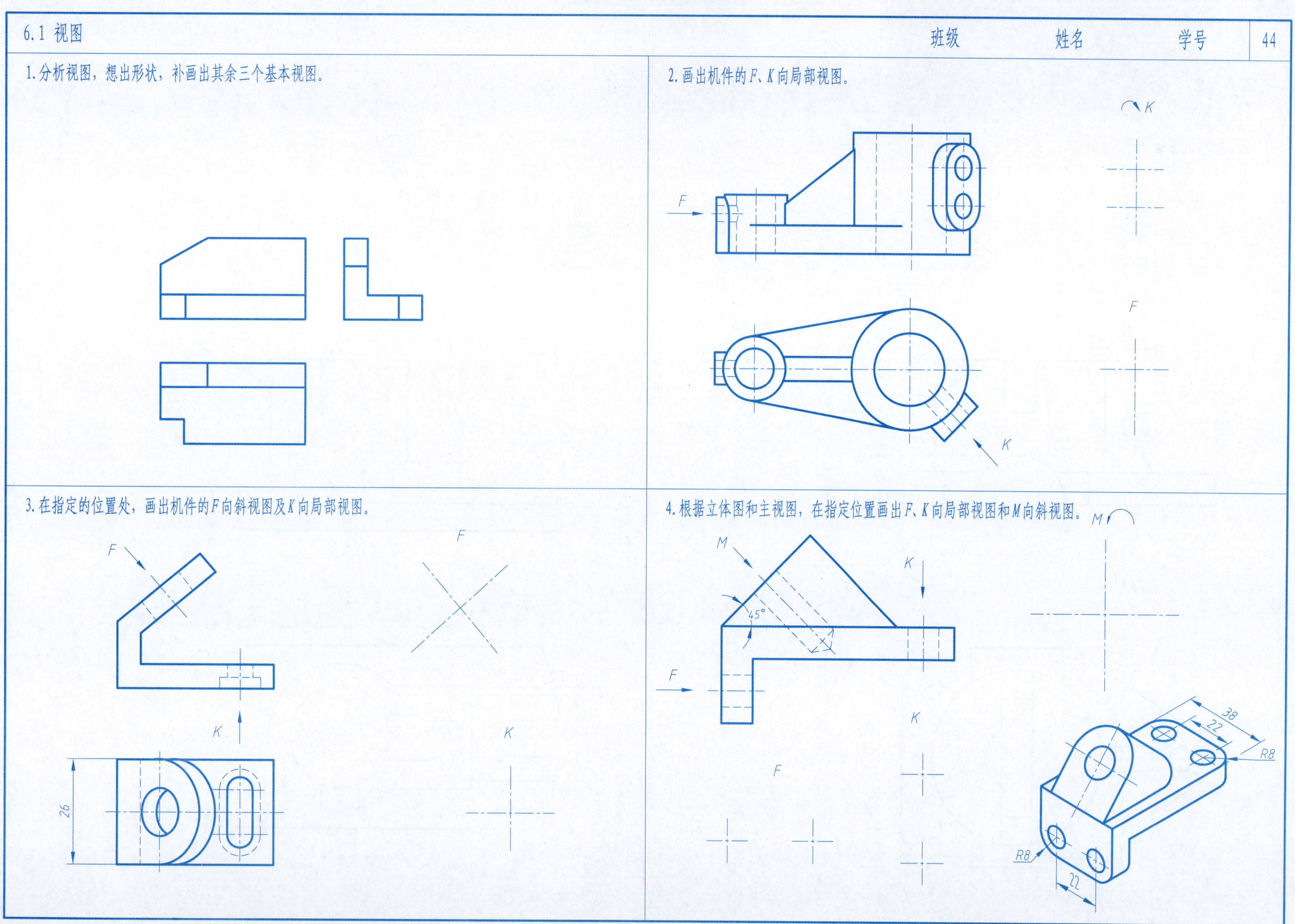

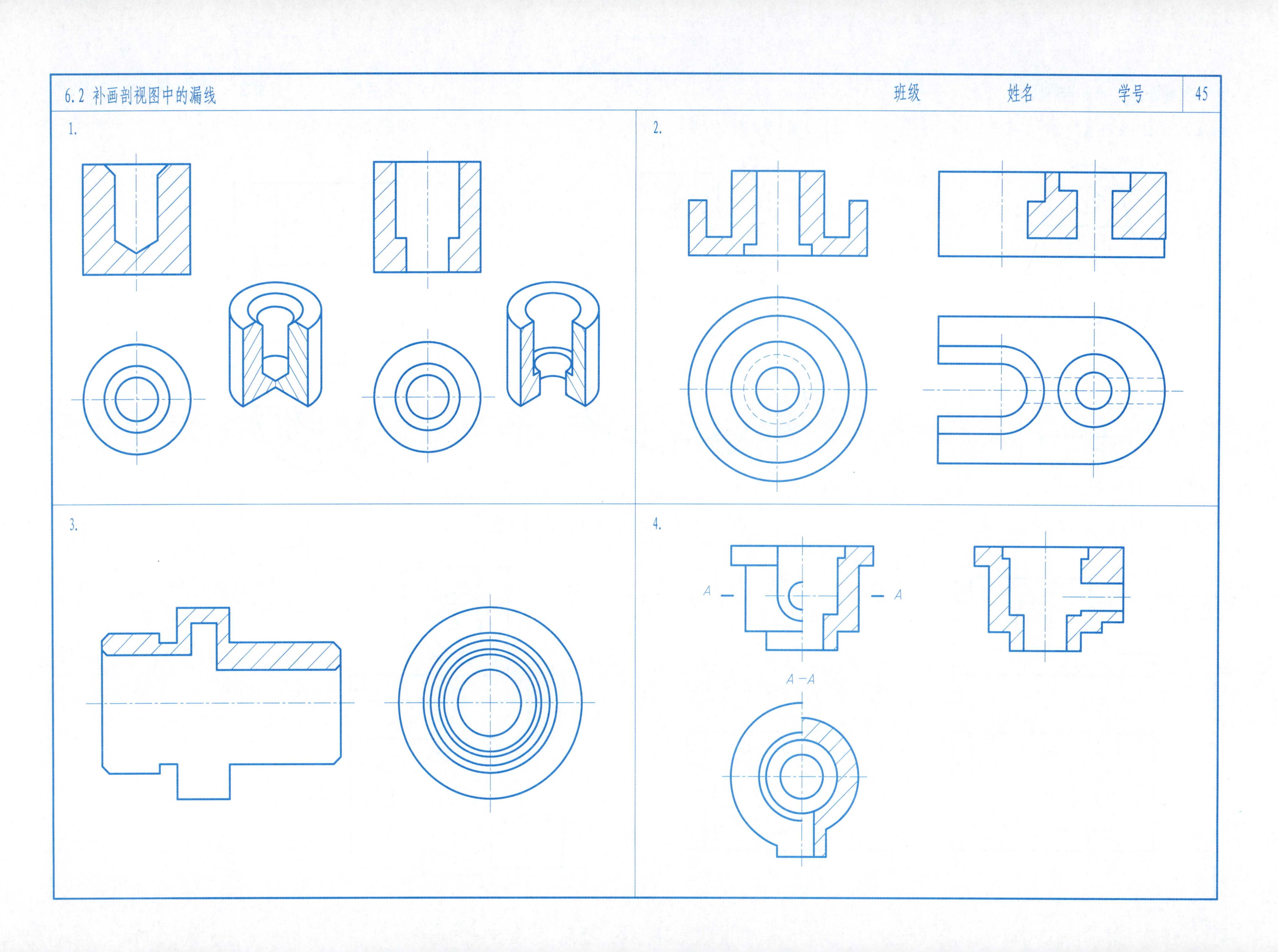
1.
2.
3.
4.
A
A
A—A

1. 画出全剖视的左视图。

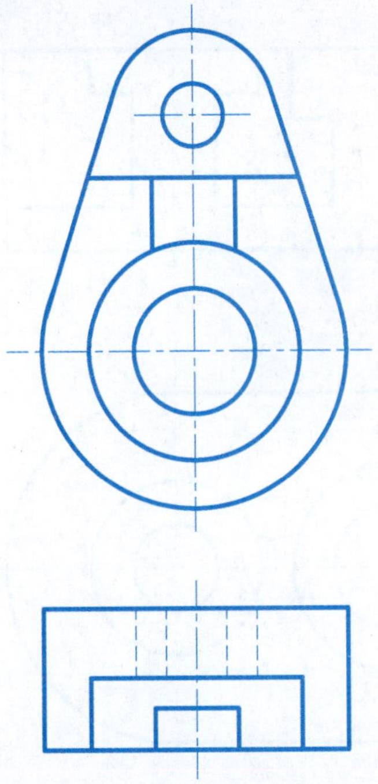

2. 画出全剖视的左视图。

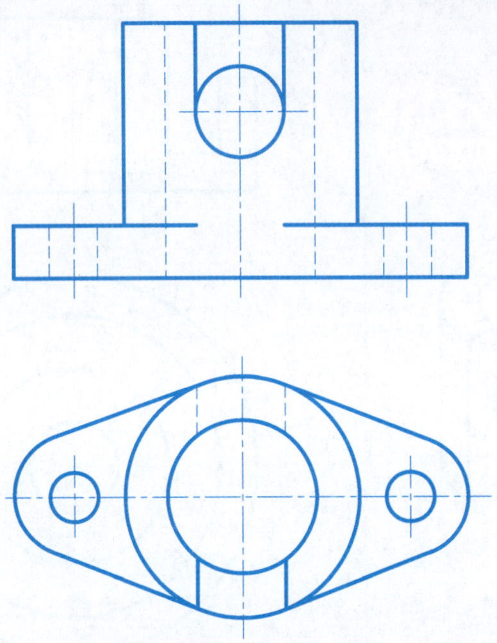

3. 画出全剖视的左视图。

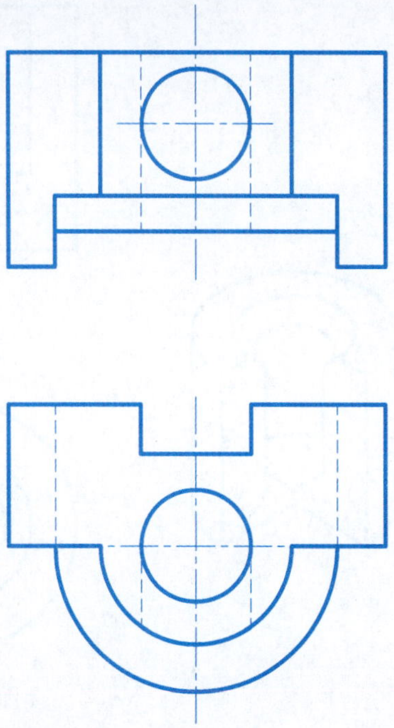

4. 在右侧空白位置将主视图改画成全剖视图。

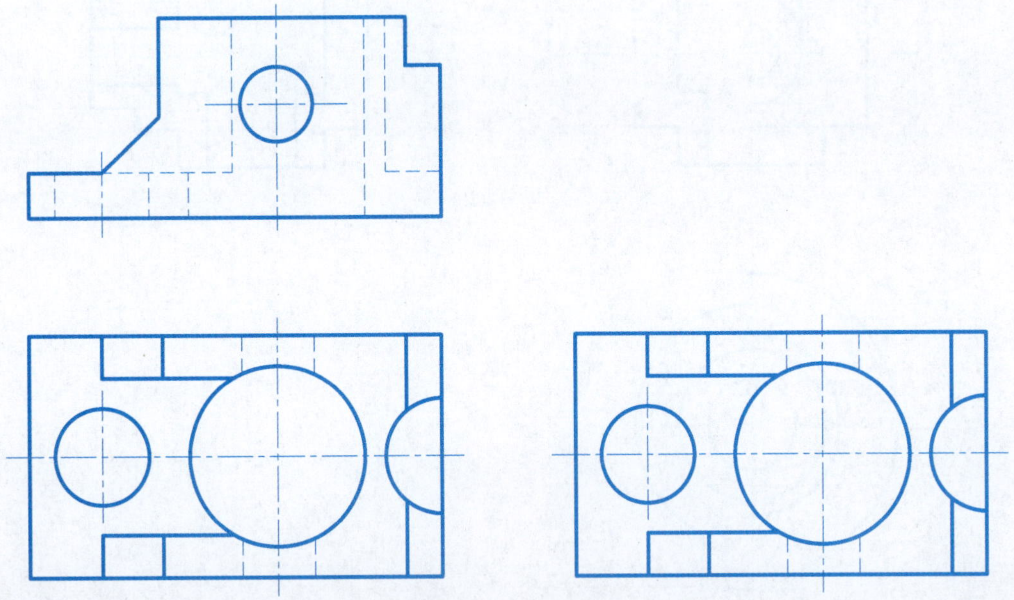

5. 求作全剖视的左视图。

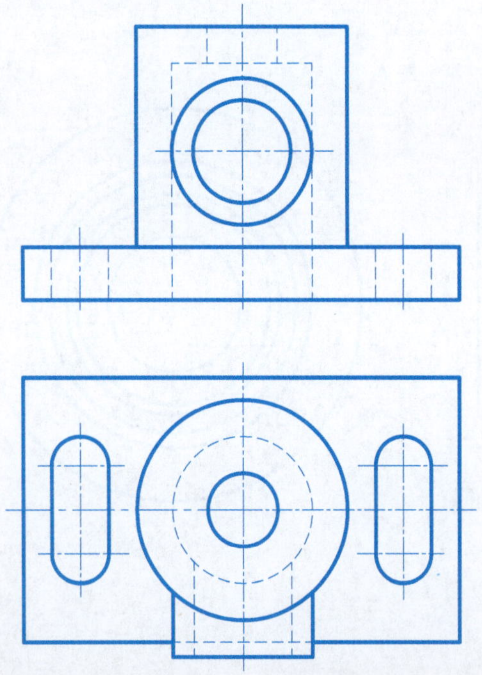

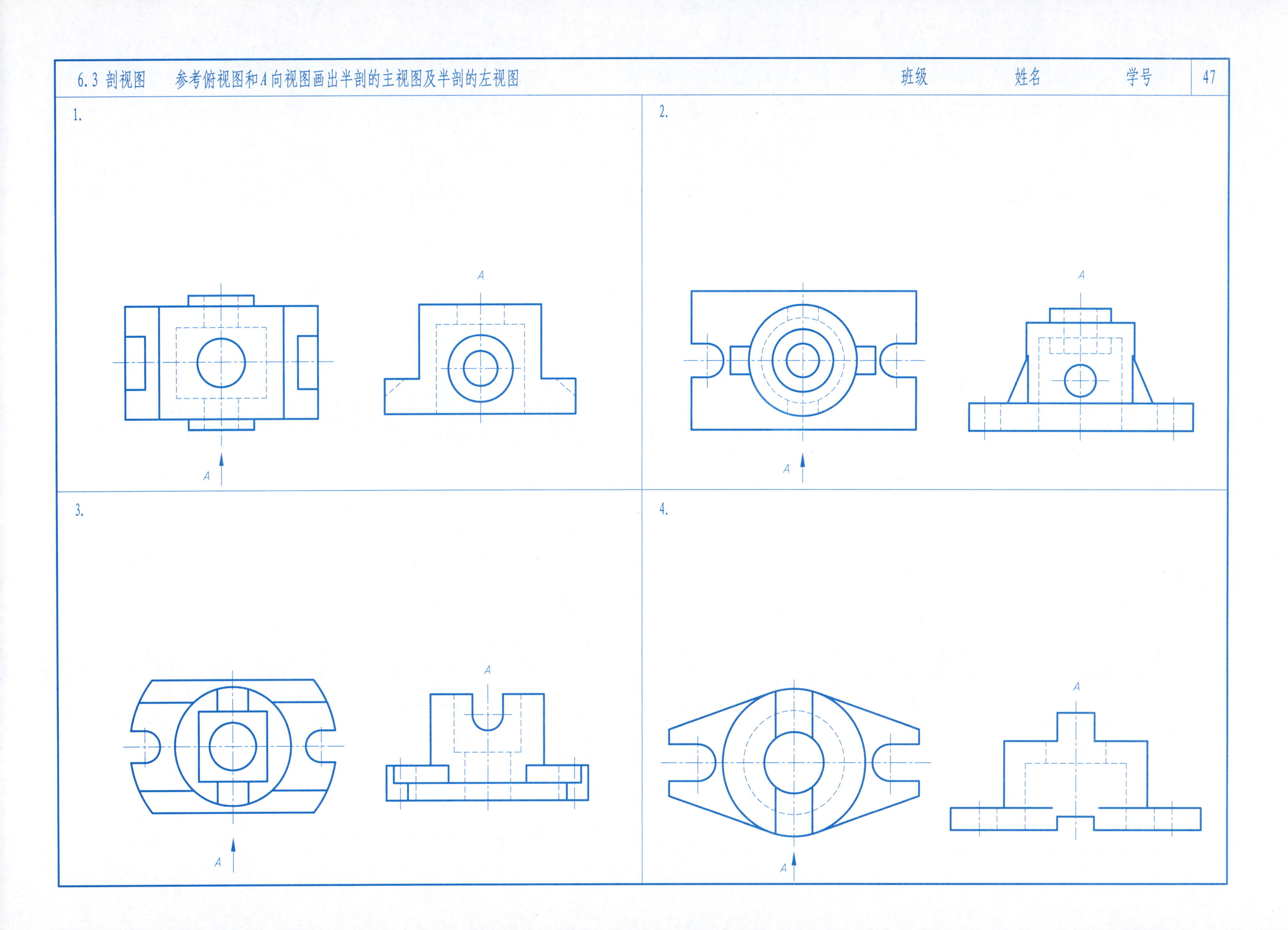
6.3 剖视图　参考俯视图和A向视图画出半剖的主视图及半剖的左视图
班级
姓名
学号
47
1.
A
A
2.
A
A
3.
A
A
4.
A
A

1.
2.
3.
4.

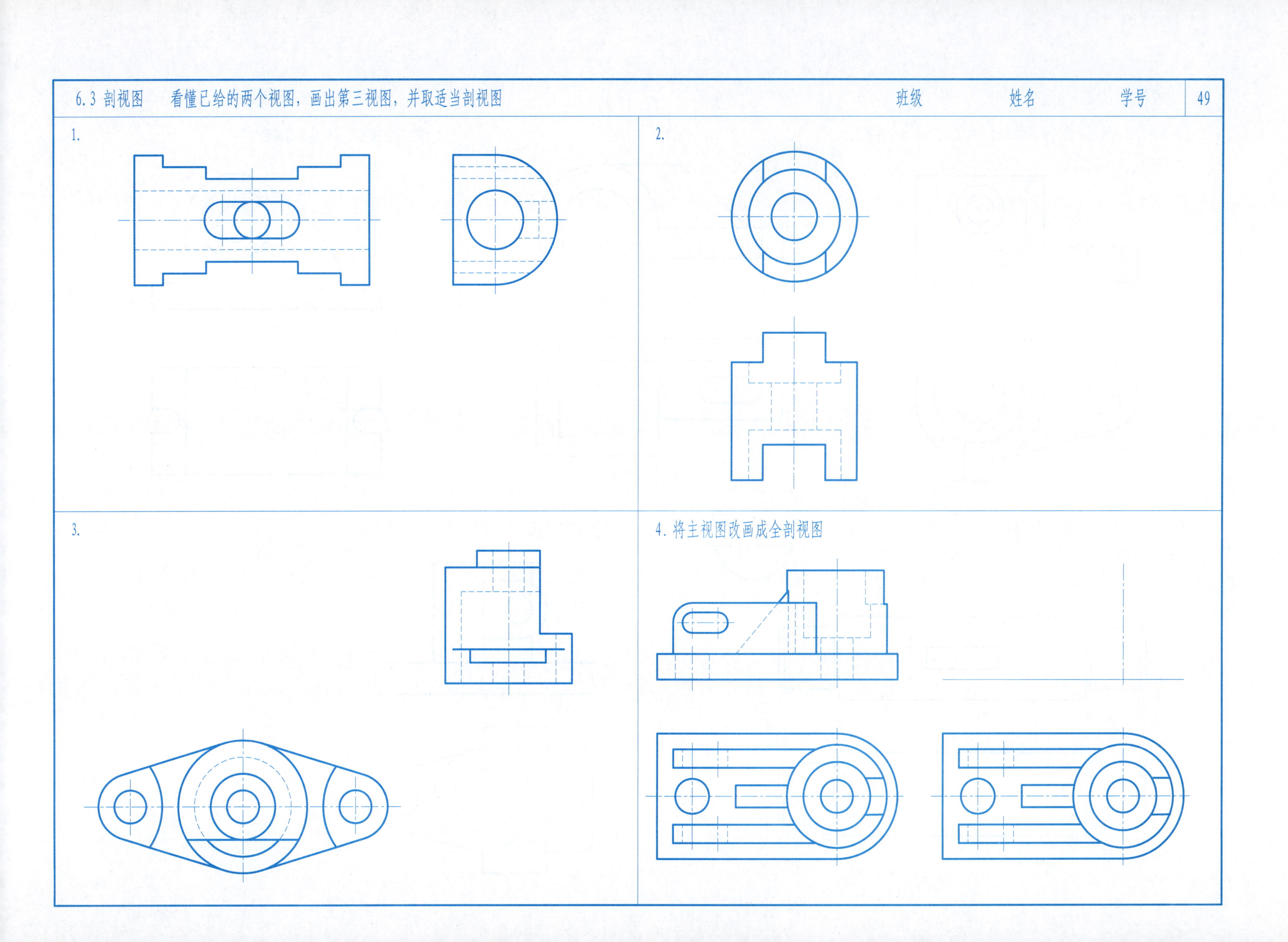
1.
2.
3.
4. 将主视图改画成全剖视图

1. 改画下列局部剖视图中的错误（错的地方打“×”，缺少的补上）。

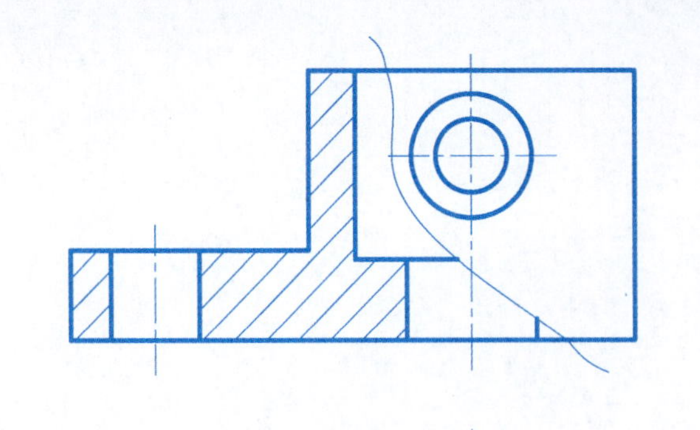

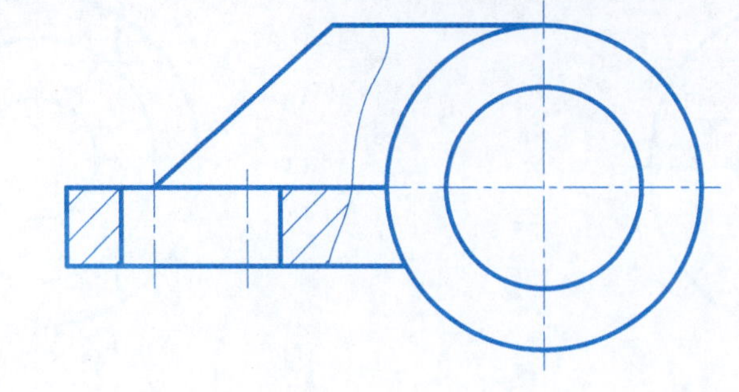

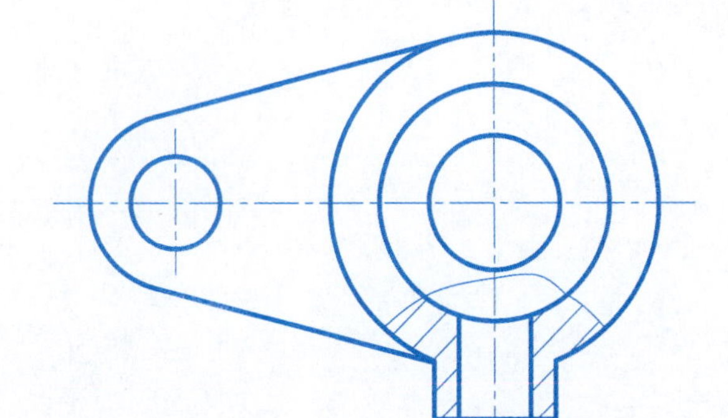

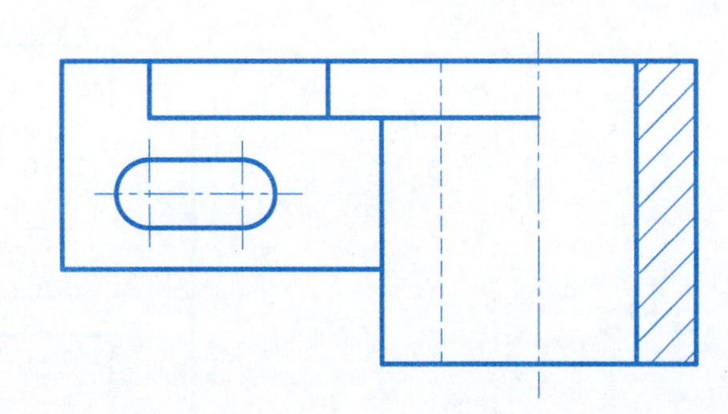

2. 将主、俯视图改画成局部剖视图。

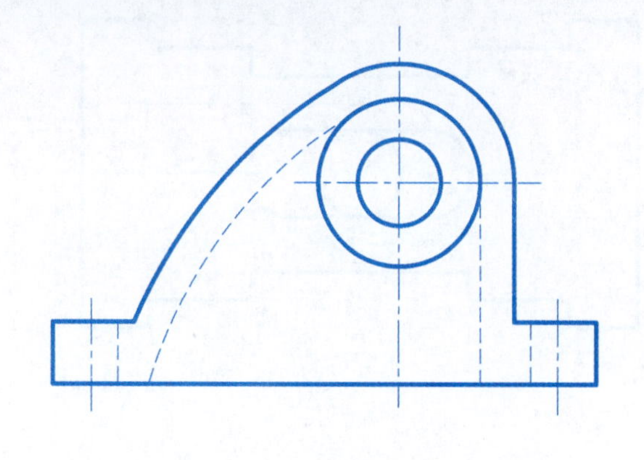

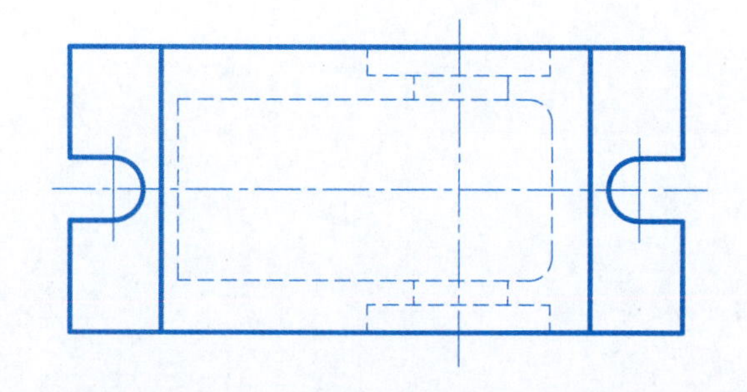

3. 画出轴的俯视图，并将端孔和键槽画成局部剖视图。

注：按国家标准半圆键高为9mm，键槽深为6.5mm。

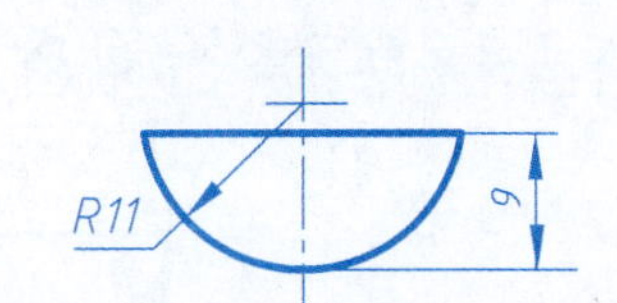

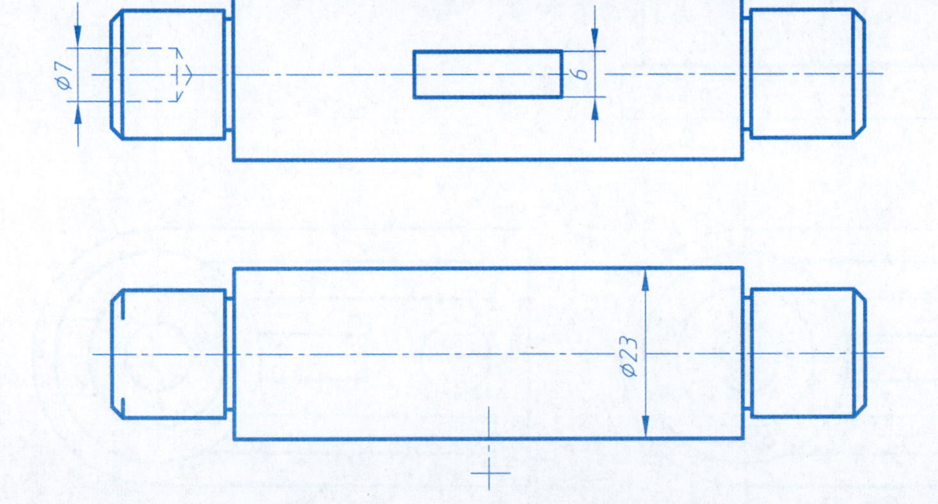

4. 在右边空白位置将主、俯视图改画成局部剖视图。

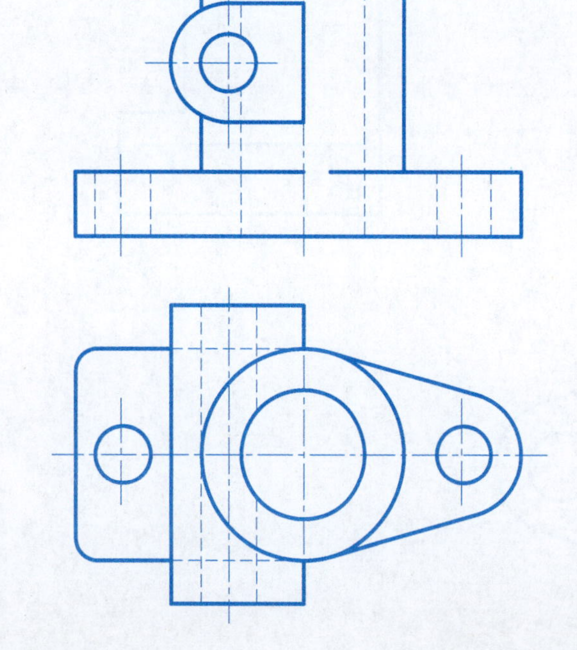

6.3 剖视图　阶梯剖和旋转剖视图

1. 将主视图改画成剖视图（阶梯剖）。

2. 将俯视图画成$C-C$阶梯剖剖视图。

3. 将俯视图改画成旋转视图。

4. 将主视图改画成旋转剖视图。

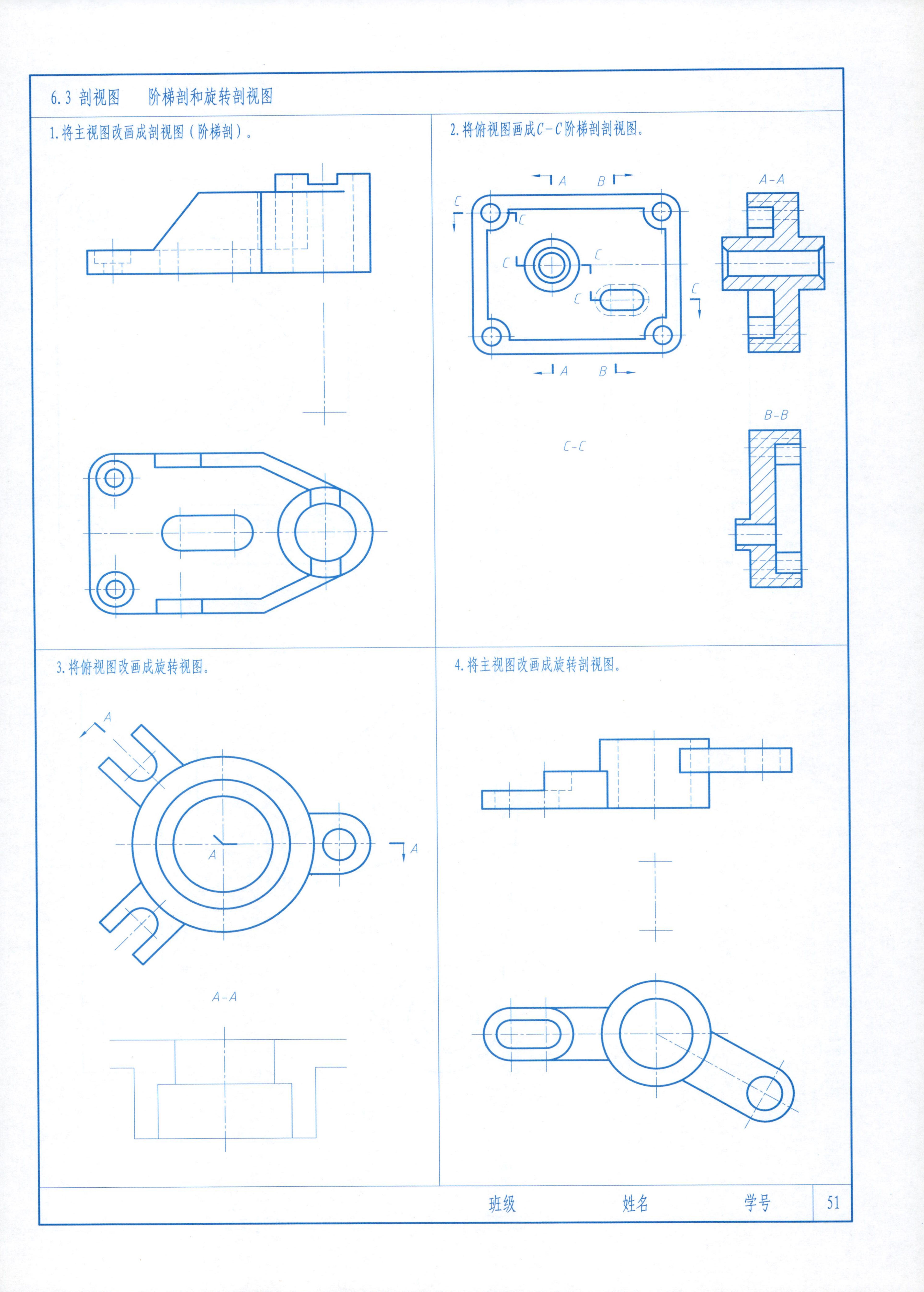

班级　姓名　学号

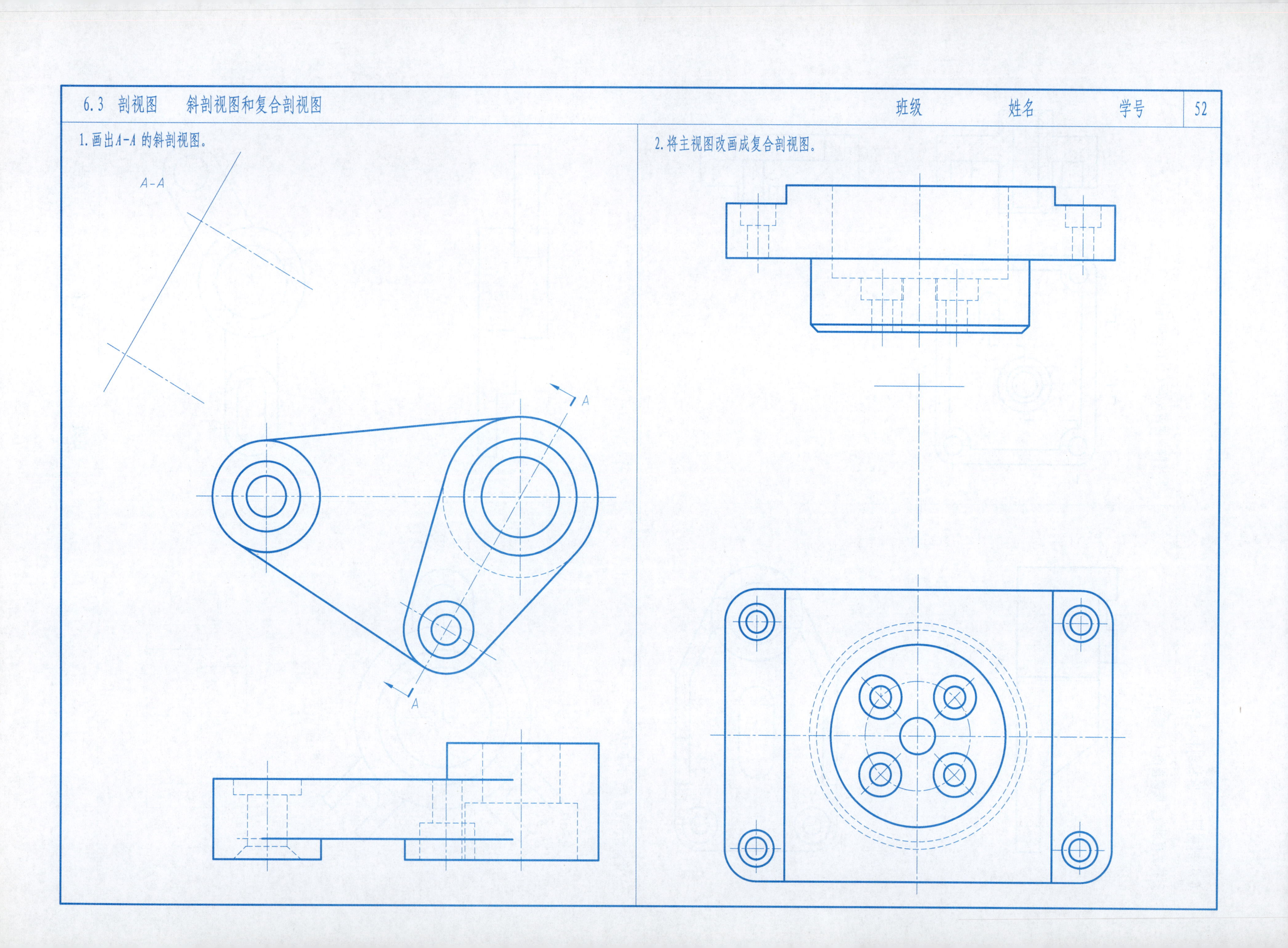
1. 画出A-A 的斜剖视图。
A-A
A
A
2. 将主视图改画成复合剖视图。

1. 找出正确的移出断面图，并在其题号上画“✓”。

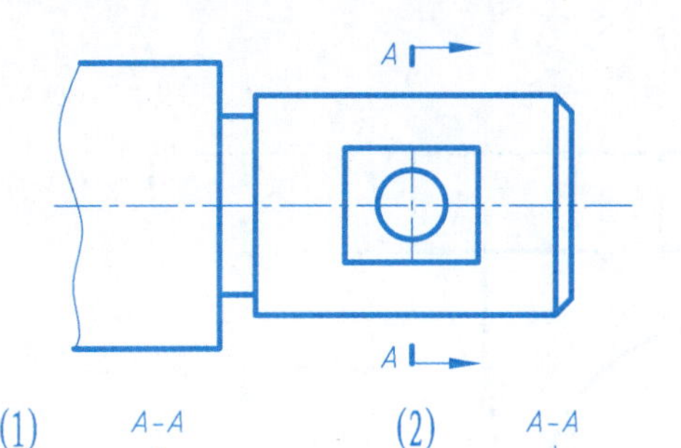
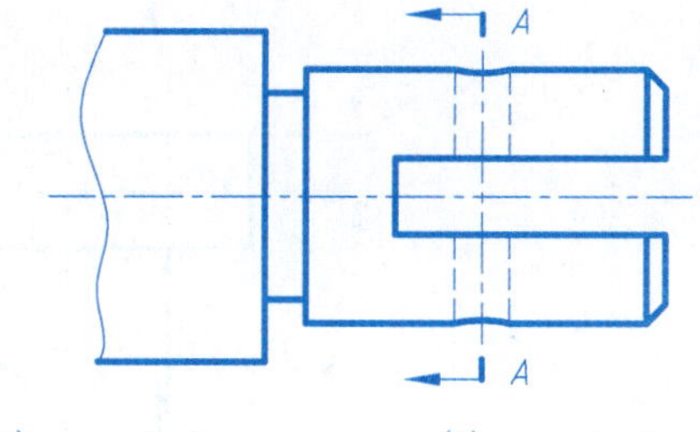
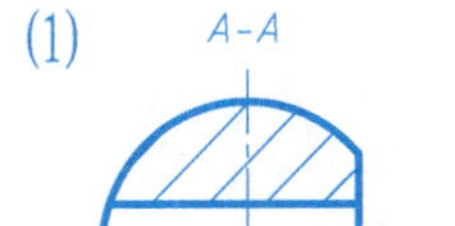
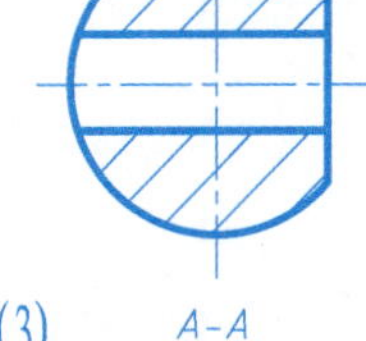
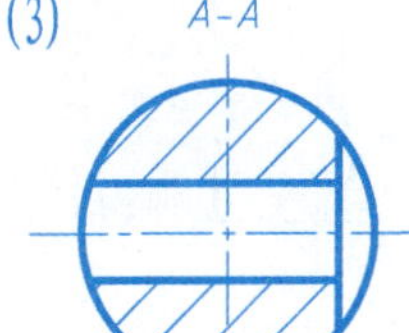
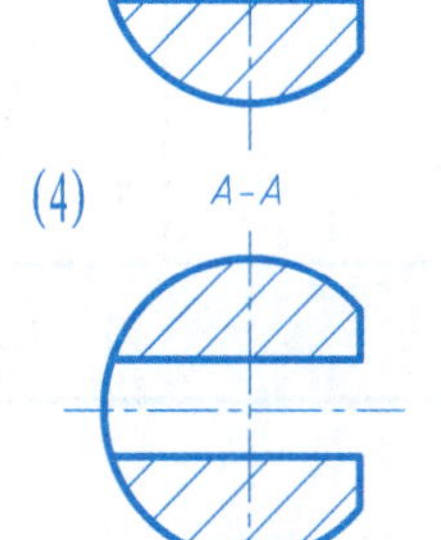
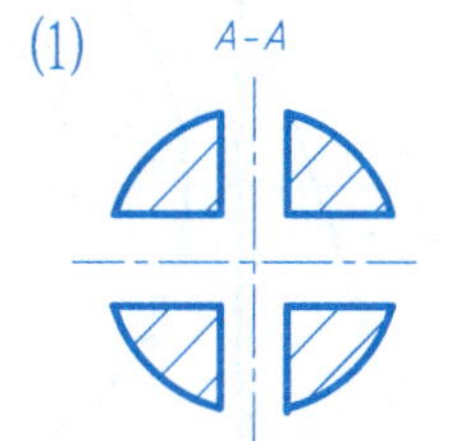
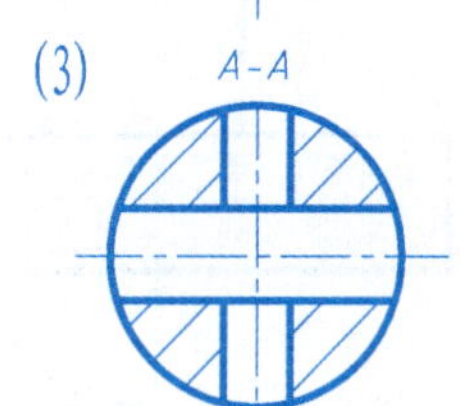
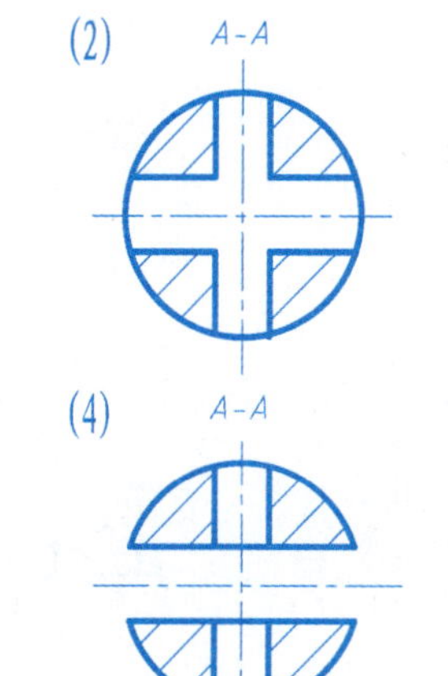

2. 画出轴的移出断面图（键槽深2.5mm）。

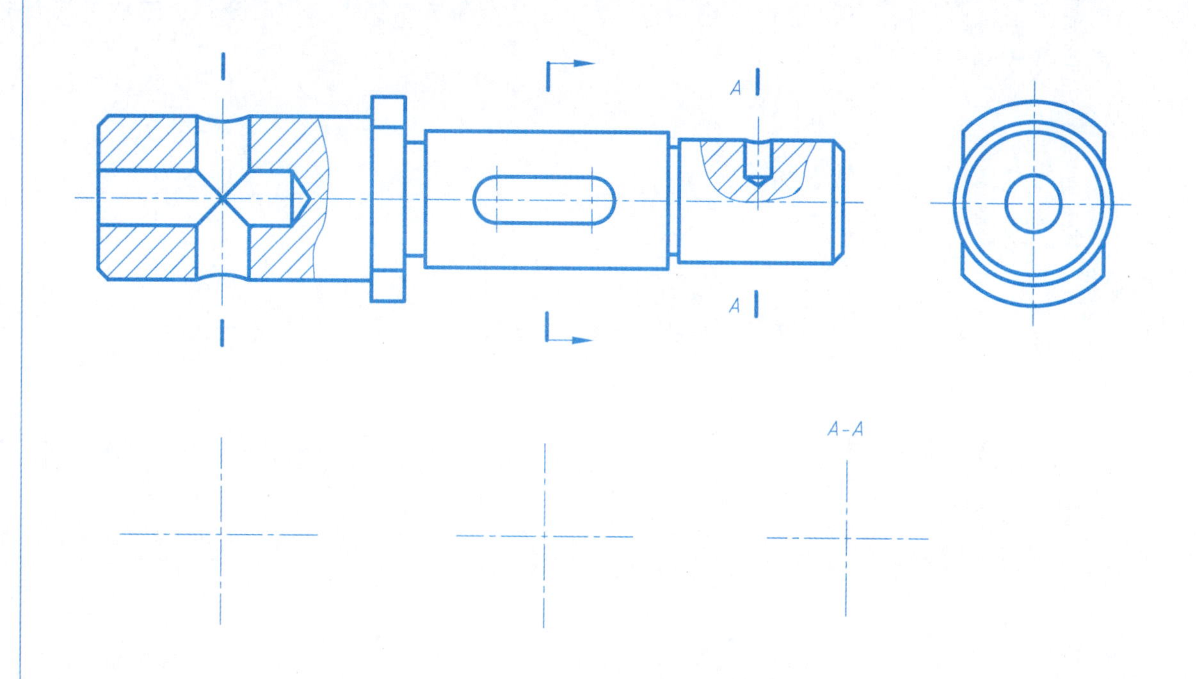

3. 在断裂处画出机件的断面图。

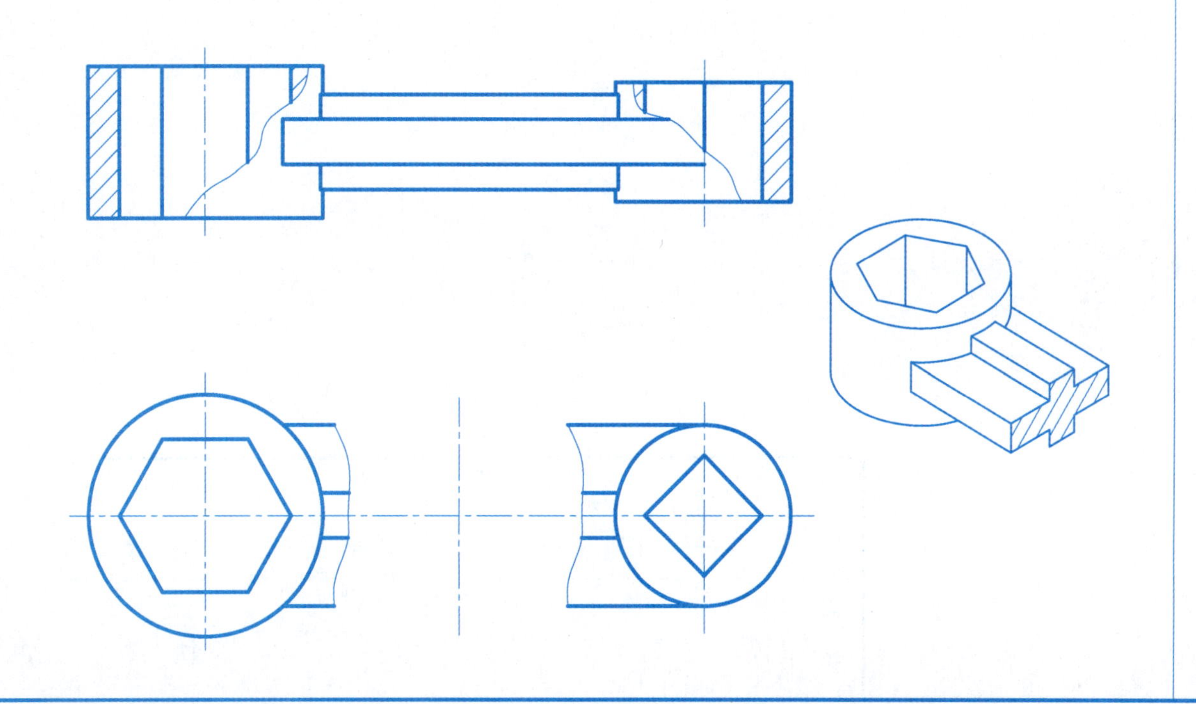

4. 画B向视图和A-A断面图。

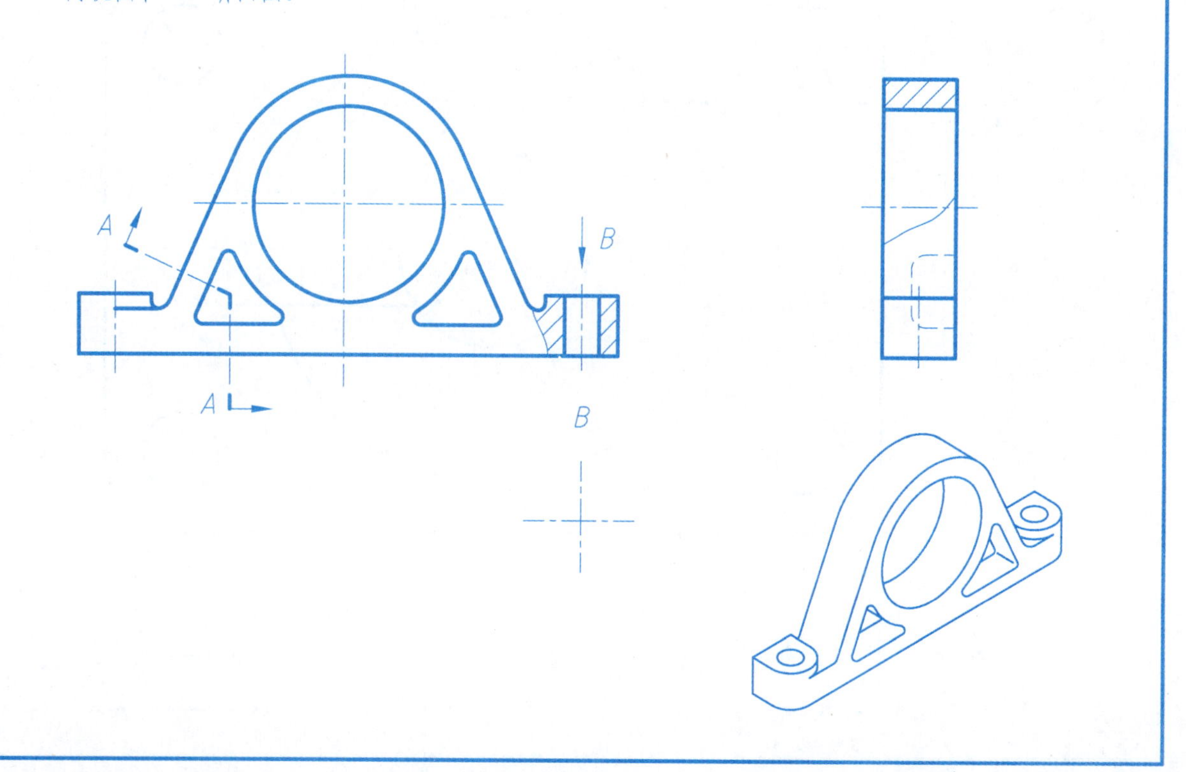

一、作业内容

1. 根据两个视图(选择本页与下页中的一个分题)，补画出第三视图，并对各视图选取适当的剖视。
2. 标注尺寸。

二、作业目的

1. 提高组合体的读图、画图能力。
2. 掌握剖视图的画法和应用。

三、作业提示

1. 用A3幅面图纸，考虑标注尺寸的位置，按1:1的比例画出剖视图，布图要均匀。
2. 图名填“剖视图”，图号填“03”。
3. 尺寸标注要完整，清晰，符合国家标准。由于给出的作业是两个视图，故所标注的尺寸有的不合理，在画出第三视图后，应对原注尺寸作适当调整。

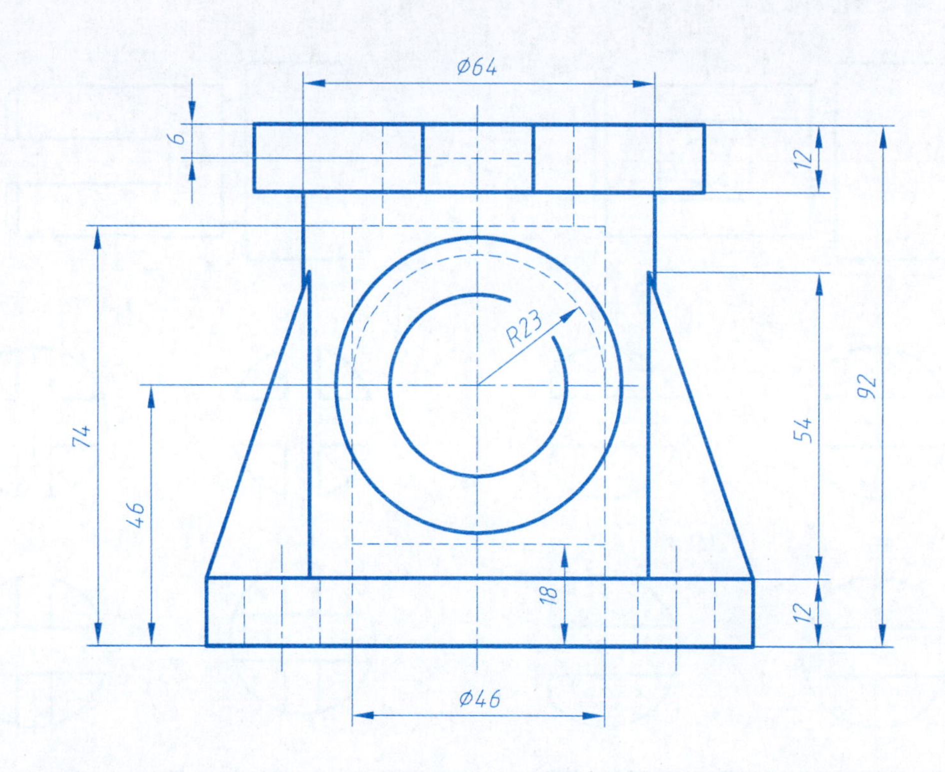

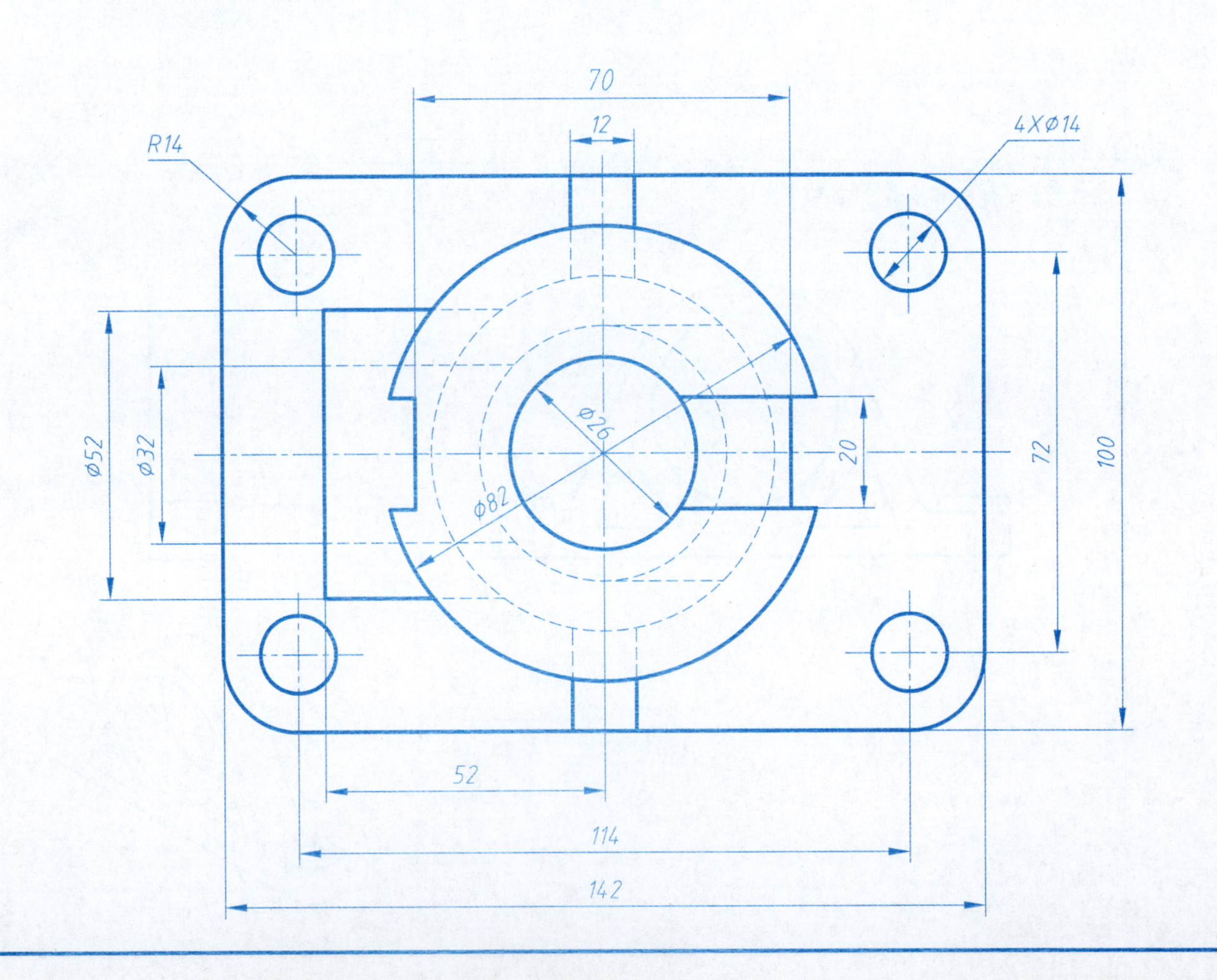

（图　名）			比 例		图 号	
			学 号		班 级	
制 图			（校名）			
审 核						

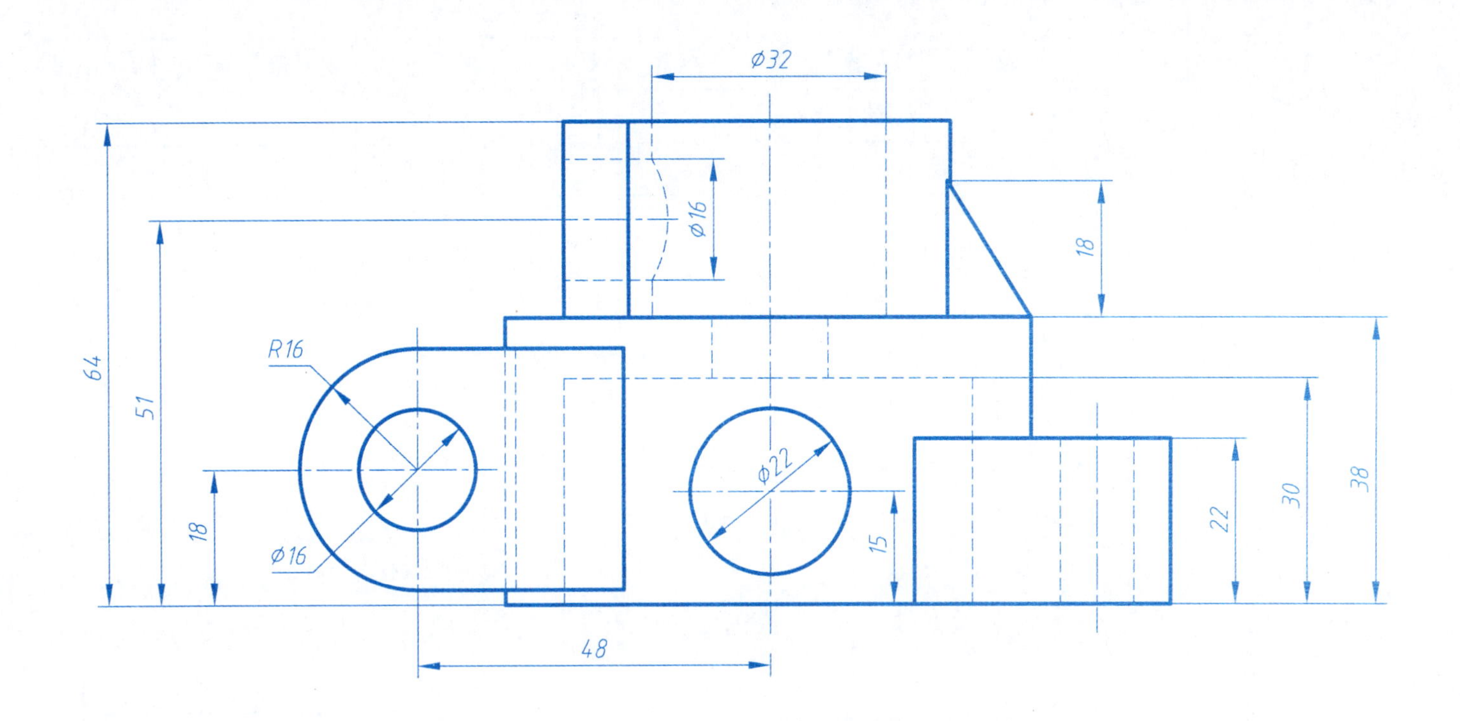

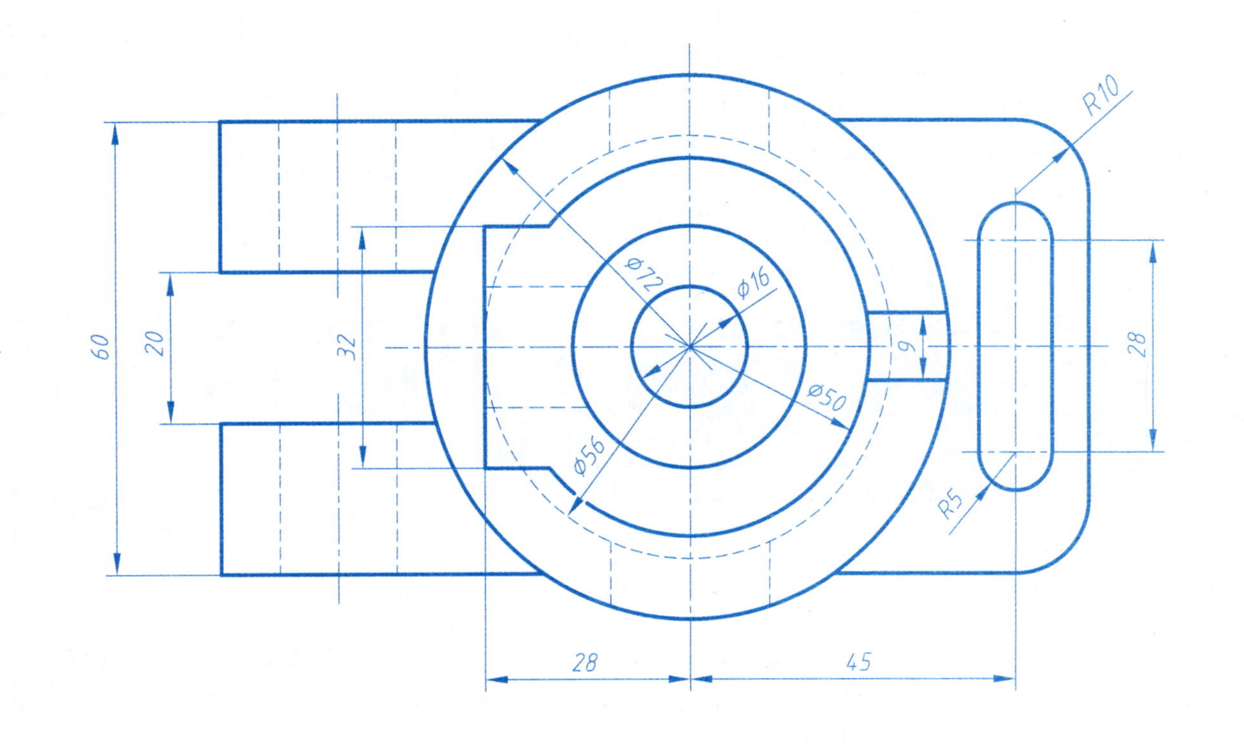

（图　名）		比例		图号	
		学号		班级	
制　图			（校名）		
审　核					

1.外螺纹、内螺纹及螺纹连接的画法。

(1) 按规定画法绘制螺纹的主、左两视图(1:1)。

(a) 外螺纹大径M16，螺纹长30，螺杆长40，螺纹倒角1.5×45°。

(b) 内螺纹大径M16，螺纹长30，钻孔深40，螺纹倒角1.5×45°。

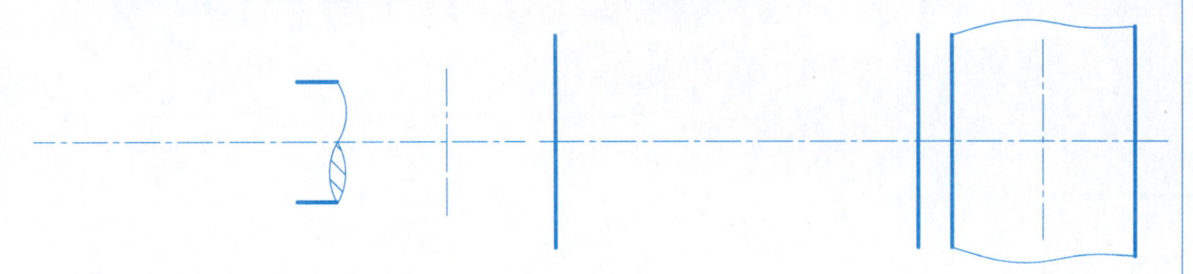

(2) 将(1)中(a)外螺纹旋入到(b)内螺纹中，旋入长度为20，画出螺纹连接后的主视图。

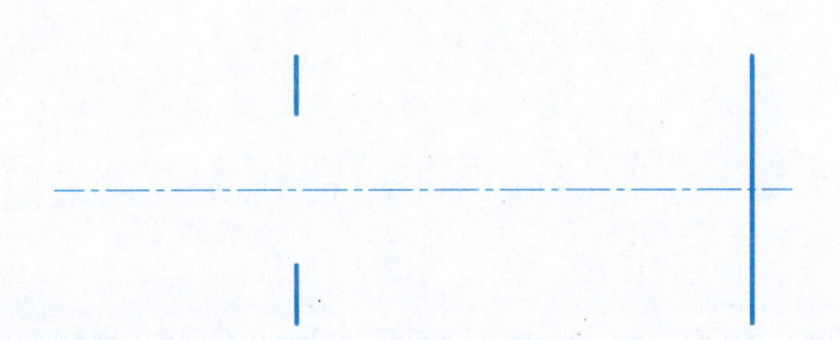

(3) 分析下列画法中的错误，并将正确的图形画在下边的空白处。

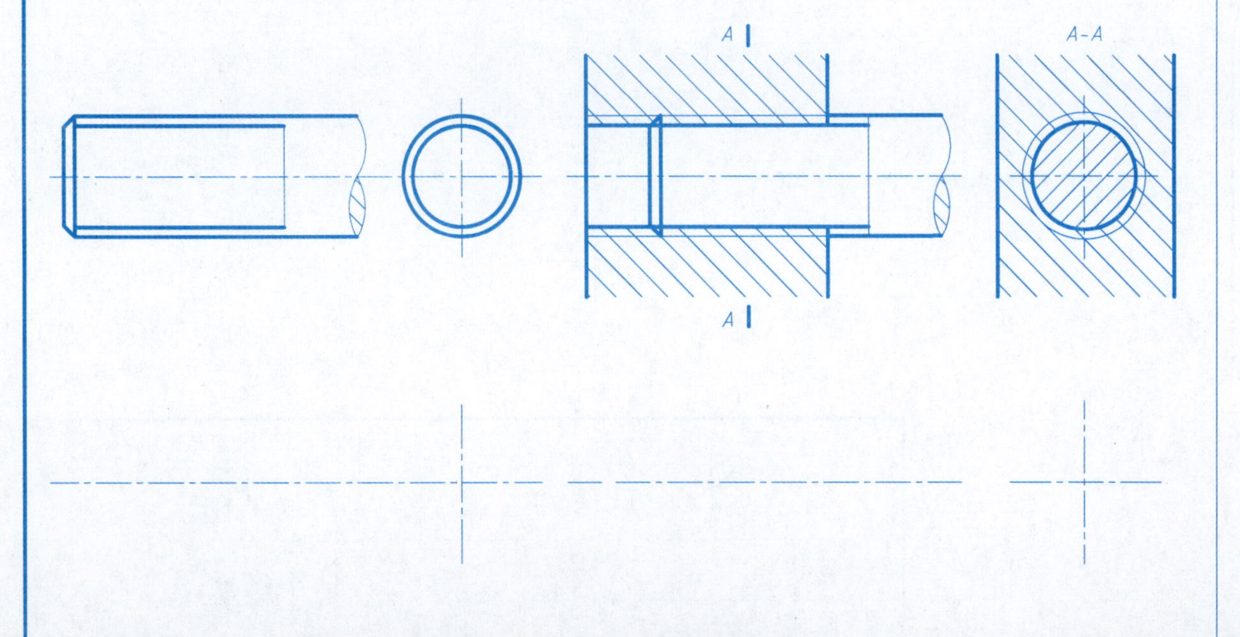

2.由螺纹标记查阅标准，填写下表。

螺纹标记	螺纹种类	大径	螺距	线数	旋向	公差带代号	旋合长度代号
M20—6H							
M20×1.5—5g6g							
M20LH—6H—S							
Tr20×4(P2)—7e							
G3/8							

3.由已知数据标注螺纹部分的尺寸。

(1) 普通螺纹，大径16mm，螺距2mm，单线，右旋。中径、顶径公差带代号均为6g。中等旋合长度。螺纹长度30mm，倒角C2。

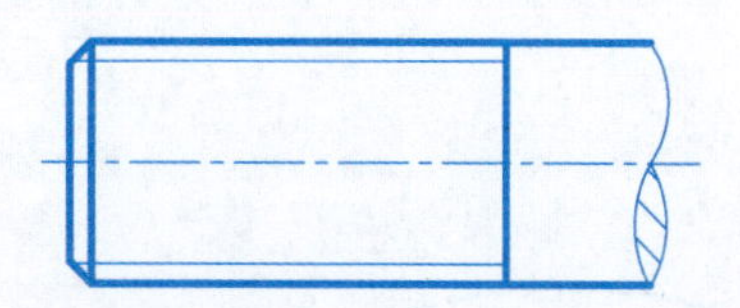

(2) 普通螺纹，大径20mm，螺距1.5mm，单线，右旋。中径、顶径公差带代号均为6H。中等旋合长度。螺纹长度36mm，钻孔深48mm，倒角C2。

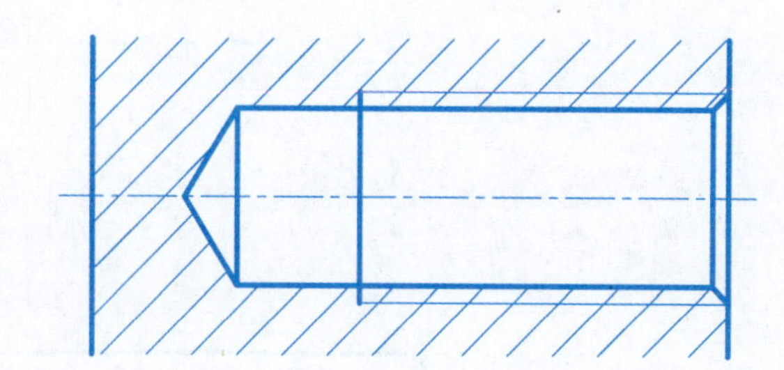

(3) 55°非密封管螺纹，尺寸代号3/4，右旋。倒角C1.5，螺纹退刀槽6×1.5。

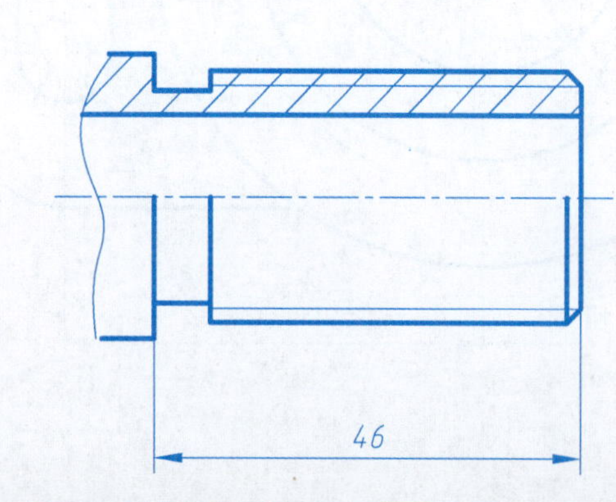

(4) 双线梯形螺纹，公称直径20mm，螺距4mm，左旋。倒角C2，螺纹退刀槽4×φ22，中径公差带代号7H，旋合长度为中等。

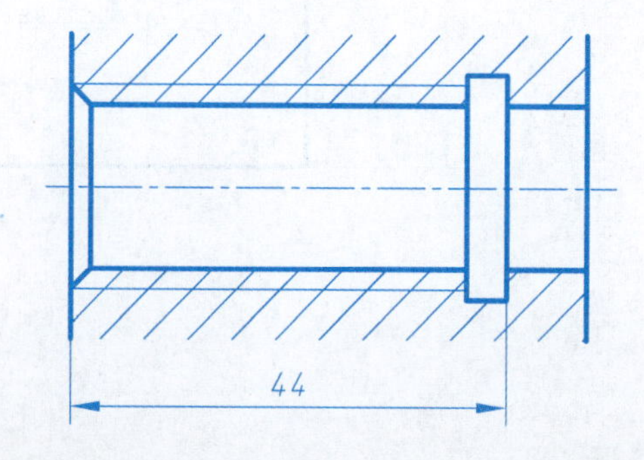

4. 从标准中查出下列螺纹紧固件的尺寸，标注到图中，并写出规定标记。

(1) 螺栓 GB/T5782—2000
公称直径 d=10mm，公称长度 L=40mm。
规定标记 ______

(4) Ⅰ型六角螺母 GB/T6170—2000
公称直径 D=16mm。
规定标记 ______

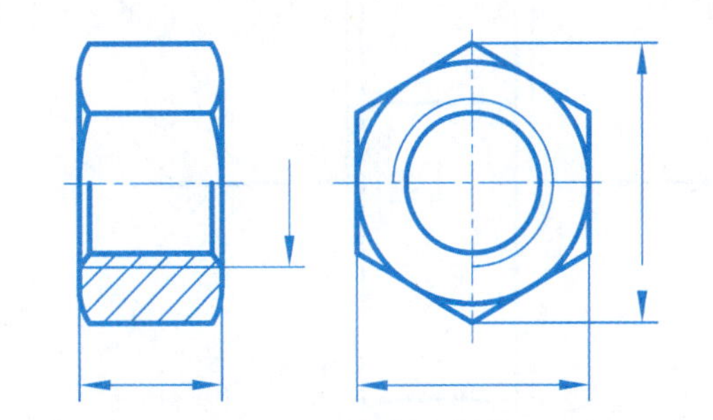

(2) 双头螺柱 GB/T898—1988
公称直径 d=12mm，公称长度 L=45mm。
规定标记 ______

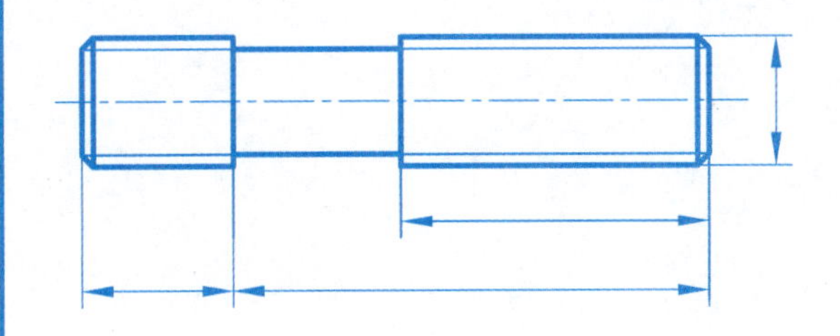

(5) 垫圈 GB/T97.1—1985
公称直径d=12mm，性能等级为140HV。
规定标记 ______

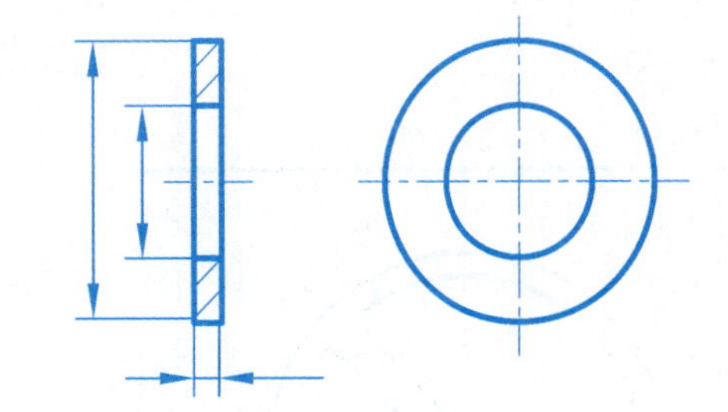

(3) 开槽圆柱头螺钉 GB/T65—2000
公称直径 d=8mm，公称长度 L=30mm。
规定标记 ______

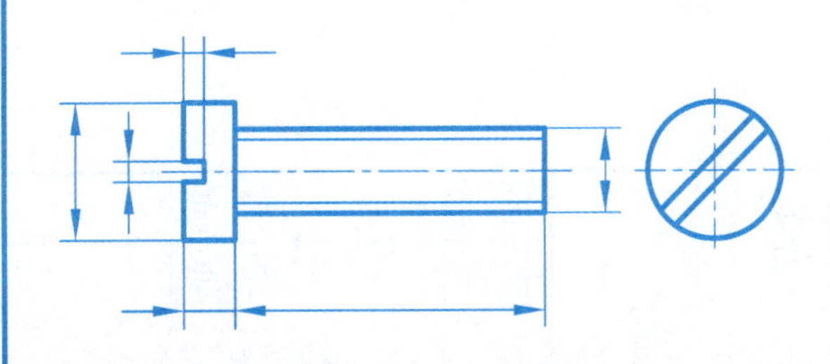

(6) 标准型弹簧垫圈 GB/T93—1987
公称直径 16mm。
规定标记 ______

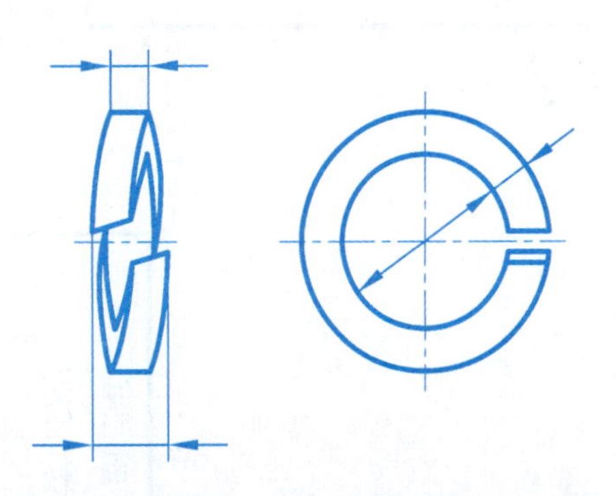

5. 按“比例画法”1:1画螺钉连接图。
已知：上板材料为钢，厚度10mm；
下板材料为铸铁；螺钉GB/T65 M10
（计算后取标准值）。

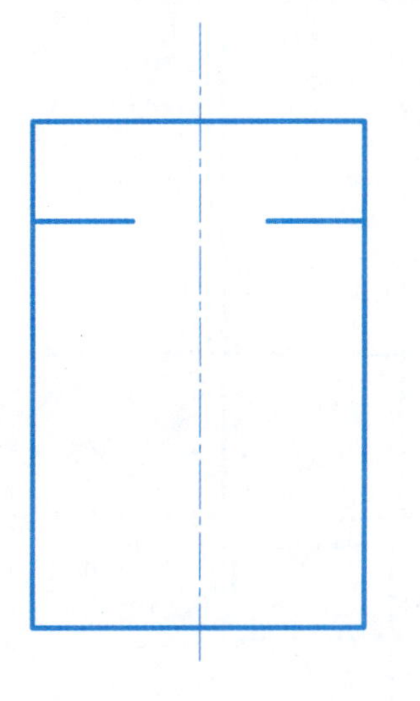

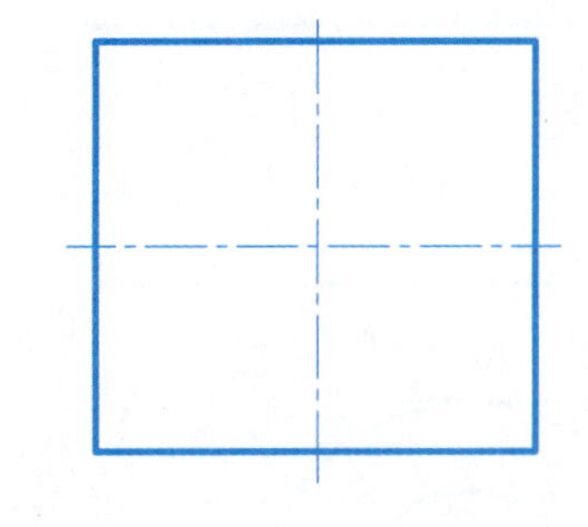

6. 已知六角头螺栓 GB/T5782 M12×50，
Ⅰ型螺母 GB/T6170 M12，垫圈GB/T97.1 12，
用简化画法1:1画出连接后的两个视图。

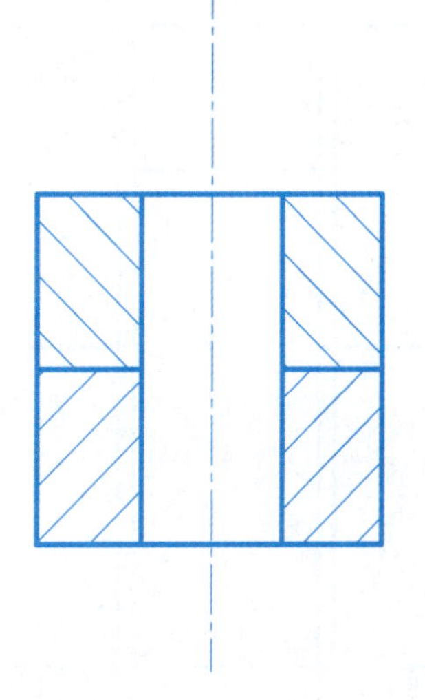

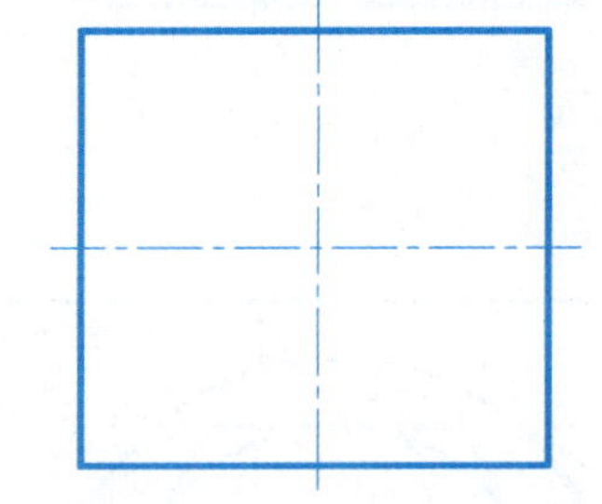

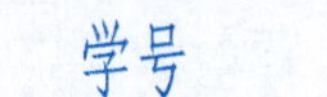

螺栓 GB/T 5782—2000 M24×110

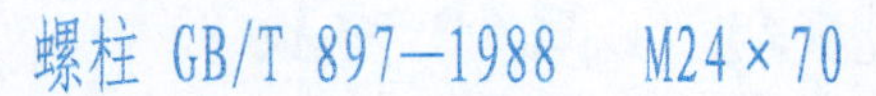

螺柱 GB/T 897—1988 M24×70

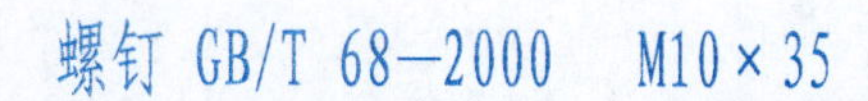

螺钉 GB/T 68—2000 M10×35

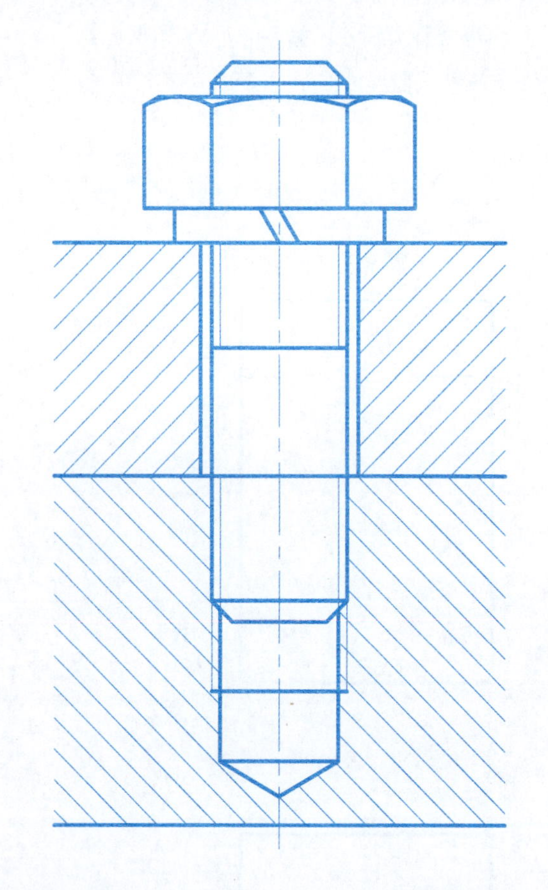

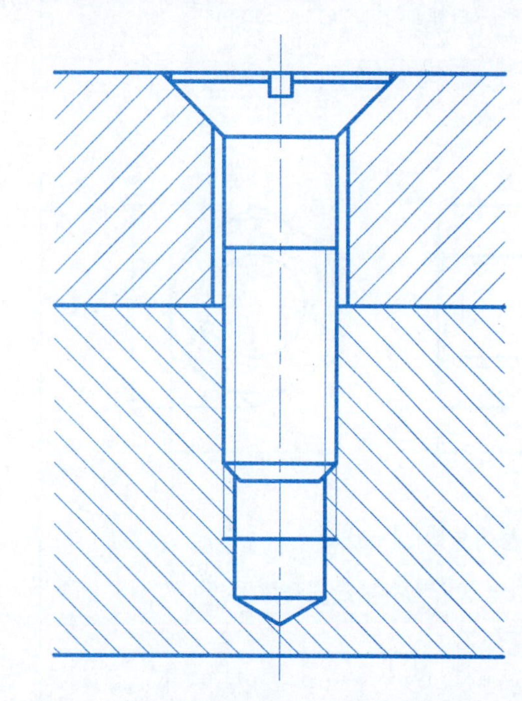

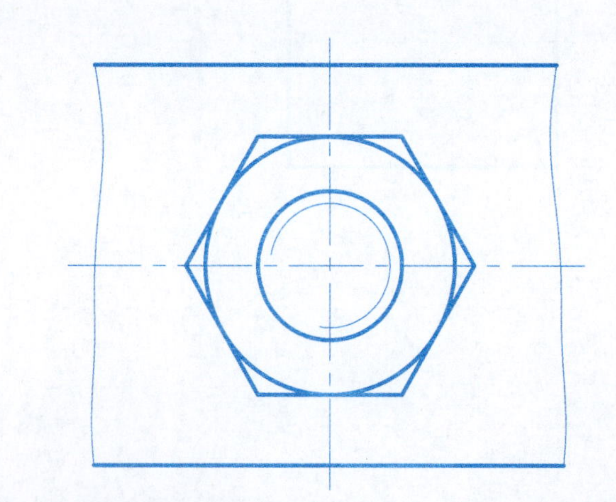

一、作业内容

1. 螺栓连接：每块板厚=40mm，比例为1:1。
2. 螺柱连接：机件厚=60mm；材料为钢。
   连接盖厚=40mm，比例为1:1。
3. 螺钉连接：机件厚=30mm，材料为铸铁。
   连接盖厚=20mm，比例为2:1。
4. 机件及连接板宽度=65mm。

二、作业目的

1. 掌握螺栓、双头螺柱、螺母、垫圈的查表选用及比例画法。

三、作业提示

1. 图名填“螺纹紧固件连接”，图号填“04”。
2. 考虑连接件整体的尺寸，用A3幅面图纸，布图要均匀。

(图名)		班级		学号	
		比例		图号	
制图	(日期)	(校名)			
审核					

1.用圆柱销6×35（GB/T119.1—2000）完成下图的连接。

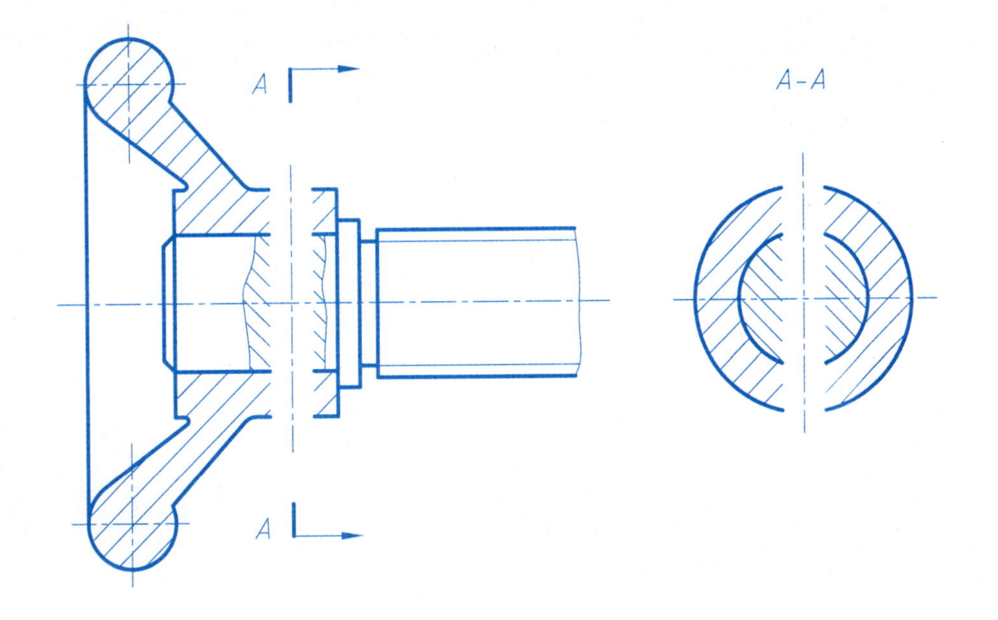

2.已知齿轮和轴用普通平键连接，其中轴的直径为20mm，键的长度为20mm。

（1）写出键的规定标记；（2）查表确定键槽的尺寸并画在下面各剖面图中。

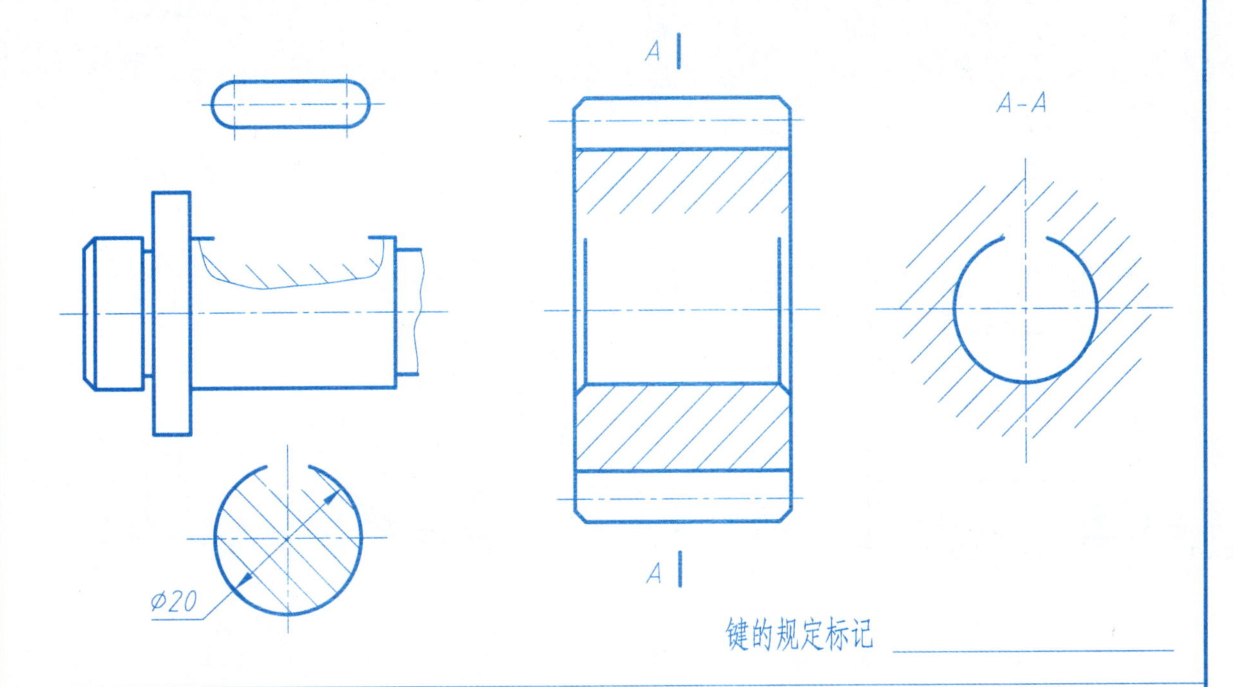

键的规定标记 ____________

3.已知齿轮和轴用普通平键连接，键的长度为20mm，画出其连接图。

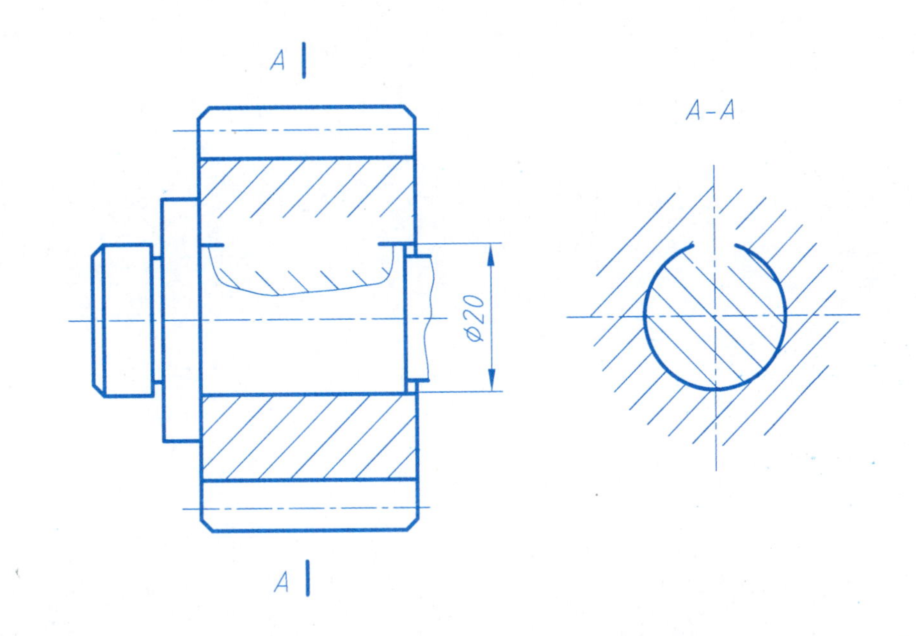

4.已知一标准圆柱齿轮的模数 m=3，齿数 Z=24，完成齿轮的两个视图。

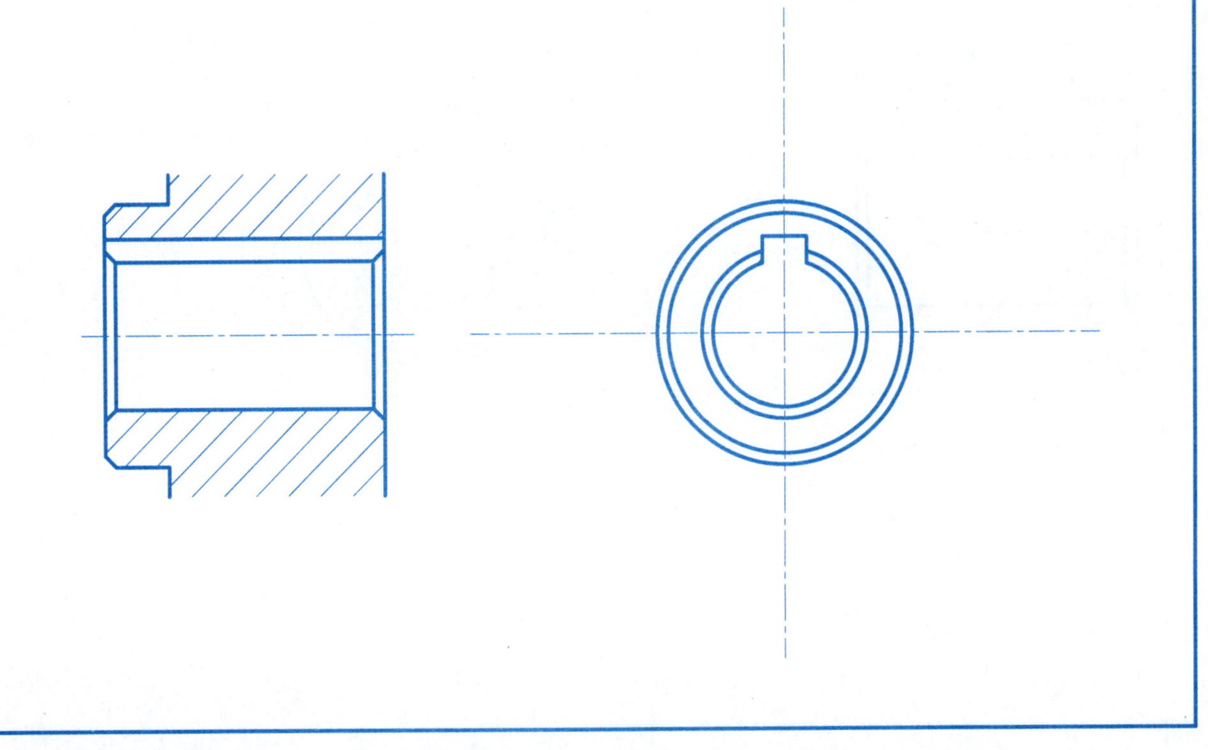

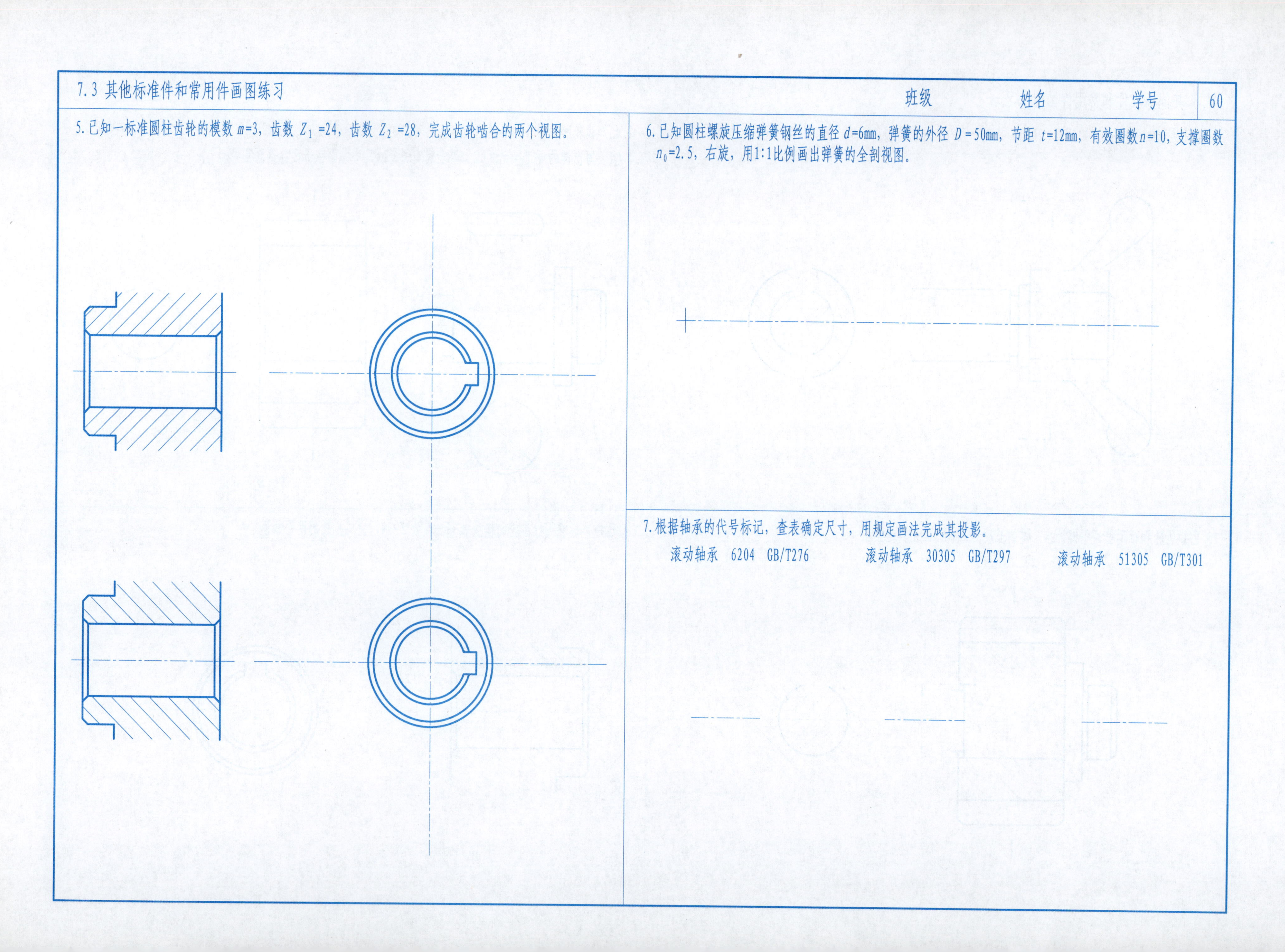

5. 已知一标准圆柱齿轮的模数 m=3，齿数 Z_1 =24，齿数 Z_2 =28，完成齿轮啮合的两个视图。

6. 已知圆柱螺旋压缩弹簧钢丝的直径 d=6mm，弹簧的外径 D = 50mm，节距 t=12mm，有效圈数 n=10，支撑圈数 n_0=2.5，右旋，用1:1比例画出弹簧的全剖视图。

7. 根据轴承的代号标记，查表确定尺寸，用规定画法完成其投影。

滚动轴承　6204　GB/T276　　滚动轴承　30305　GB/T297　　滚动轴承　51305　GB/T301

8.1 读懂立体图，画出零件图　　班级　　姓名　　学号　　

一、作业内容及目的

1. 内容：画简单零件的徒手图，整理一张零件工作图。
2. 目的：了解零件图的内容、要求及作用；学习零件图的绘制。

二、作业要求

1. 掌握画徒手图和工作图的方法、步骤。
2. 在对所画零件的功用和结构理解的基础上，能采用恰当的一组图形（视图、剖视图、断面图等）来完整、确切、清晰地表达该零件，遵守表达规则。
3. 完整、清晰地标注尺寸，正确标注零件的典型工艺结构尺寸(倒角、退刀槽、圆角等需查表决定）及表面结构要求。

三、作业提示

1. 对轴、盖、架、箱体等零件（立体图或实际零件），研究其形状结构特点，选好主视图，确定视图的数量和表达方法。
2. 根据选定的表达方案，画徒手草图。徒手草图要求目测估计图形与实物的比例、图线粗细符合要求，不能草率，然后标注尺寸与表面结构符号，写出技术要求。最后检查并作修改或补充。
3. 由徒手草图整理成零件工作图。选择合适的标准幅面，画出零件工作图。
4. 填写标题栏、零件名称（图名）、零件材料、图号等。

1.

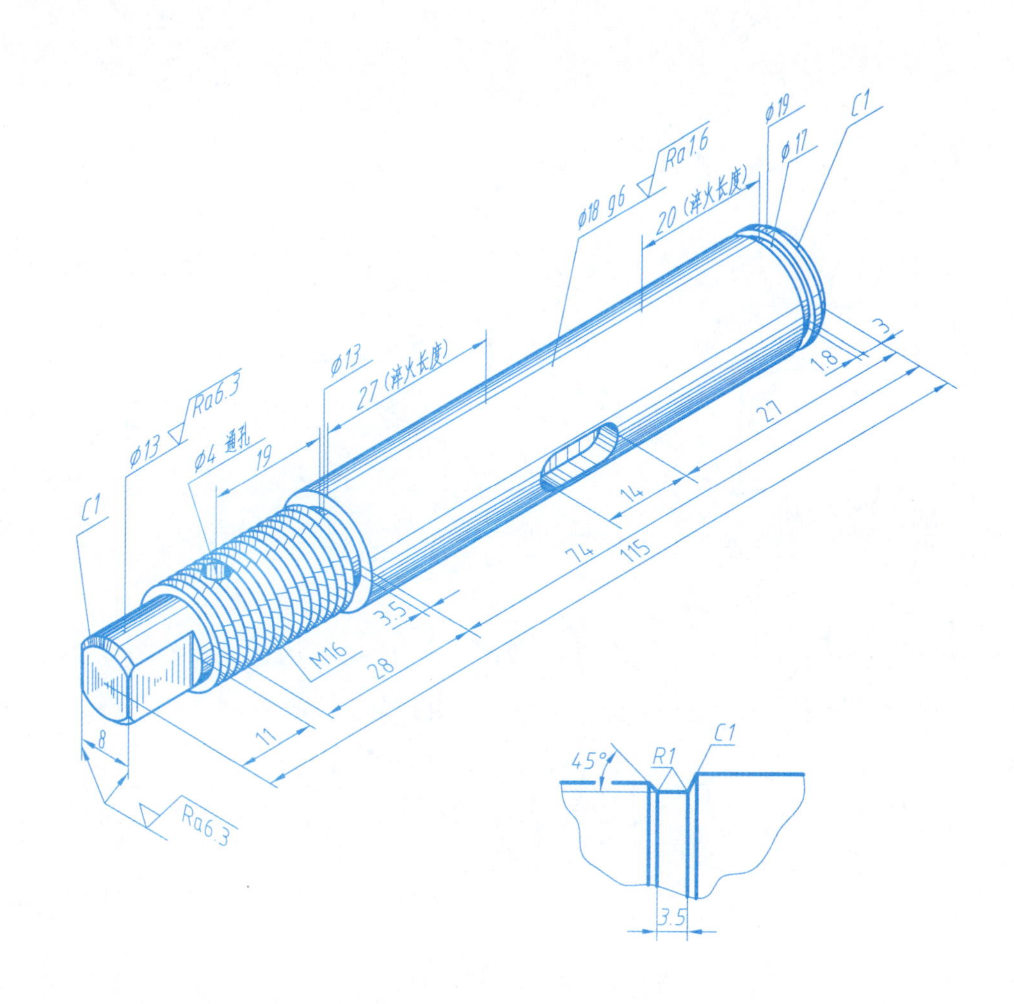

说明：

1. 键槽宽6N9，槽深3.5，两侧表面结构 $\sqrt{Ra\,6.3}$ ，其余表面结构均为 $\sqrt{Ra\,12.5}$ 。
2. 淬火部位45～50HRC。

名称　轴

材料　45

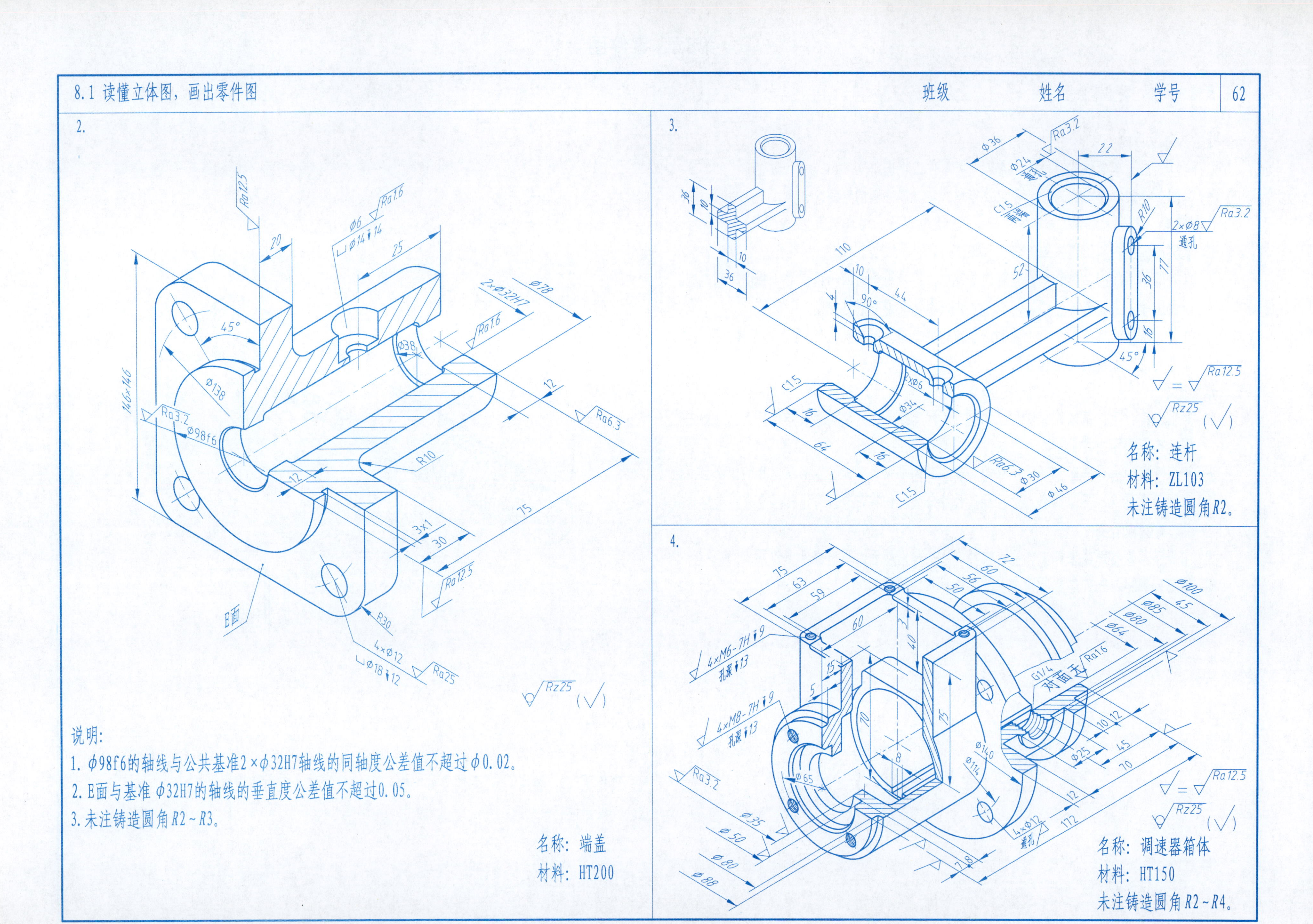
2.
E面
说明:
1. φ98f6的轴线与公共基准2×φ32H7轴线的同轴度公差值不超过φ0.02。
2. E面与基准 φ32H7的轴线的垂直度公差值不超过0.05。
3. 未注铸造圆角R2~R3。
名称：端盖
材料：HT200
3.
名称：连杆
材料：ZL103
未注铸造圆角R2。
4.
名称：调速器箱体
材料：HT150
未注铸造圆角R2~R4。

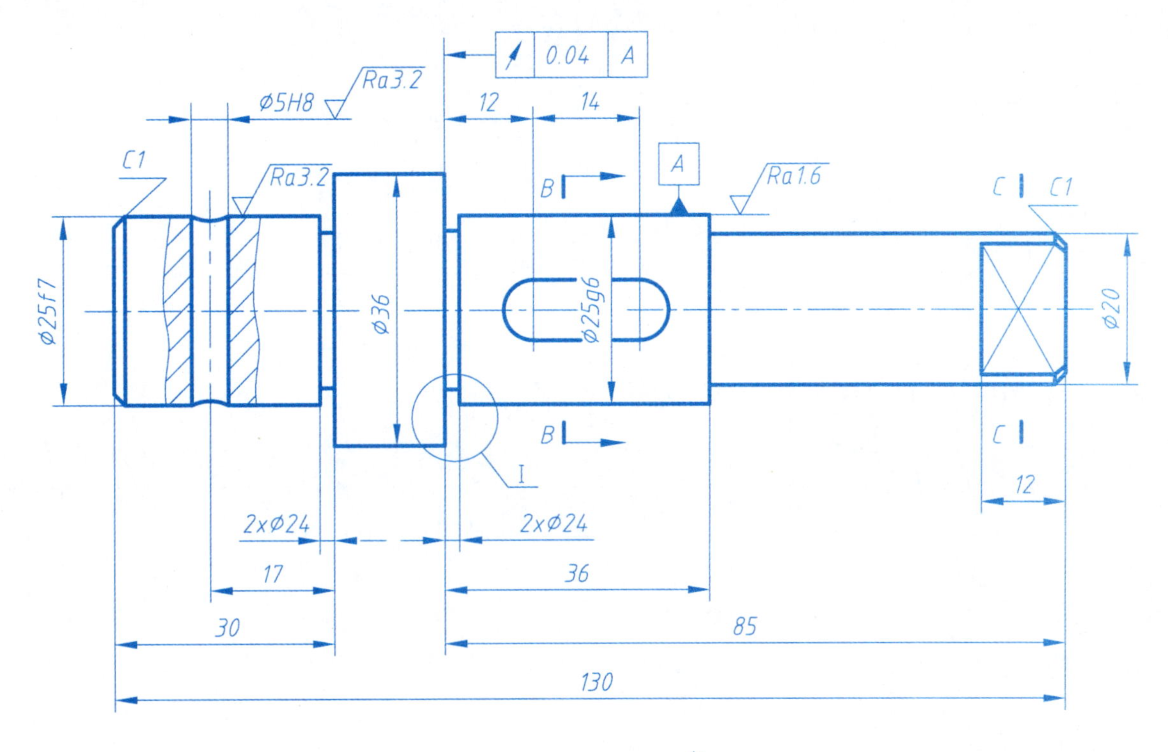

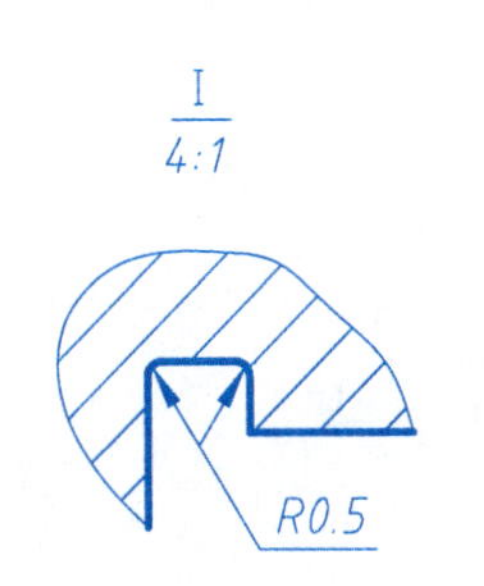

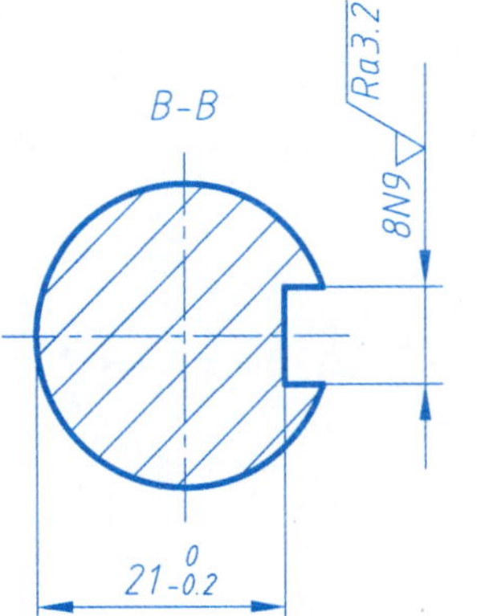

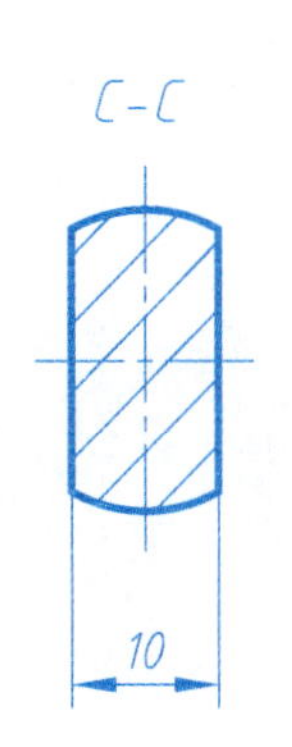

看图回答问题

1. 该零件图中采用的表达方法有：________________________________。
2. 尺寸分析
   1）长度尺寸（轴向尺寸）的主要基准是零件的________端面；
   径向尺寸的基准是零件的______。
   2）在尺寸 ϕ25f7中，ϕ25是 ________，f7是 ________。
3. 图中局部放大图是用_______表达的。你还能用什么方案表达？
4. 如果将轴向上旋转90° 作为主视方向，轴及轴上的销孔和键槽部分应如何表达，请画在下面空白处。

Ra6.3 （√）

技术要求

调质处理220～250HBS。

轴	比例	1:1	图号	
	数量	1	材料	45
制 图			（校名）	
审 图				

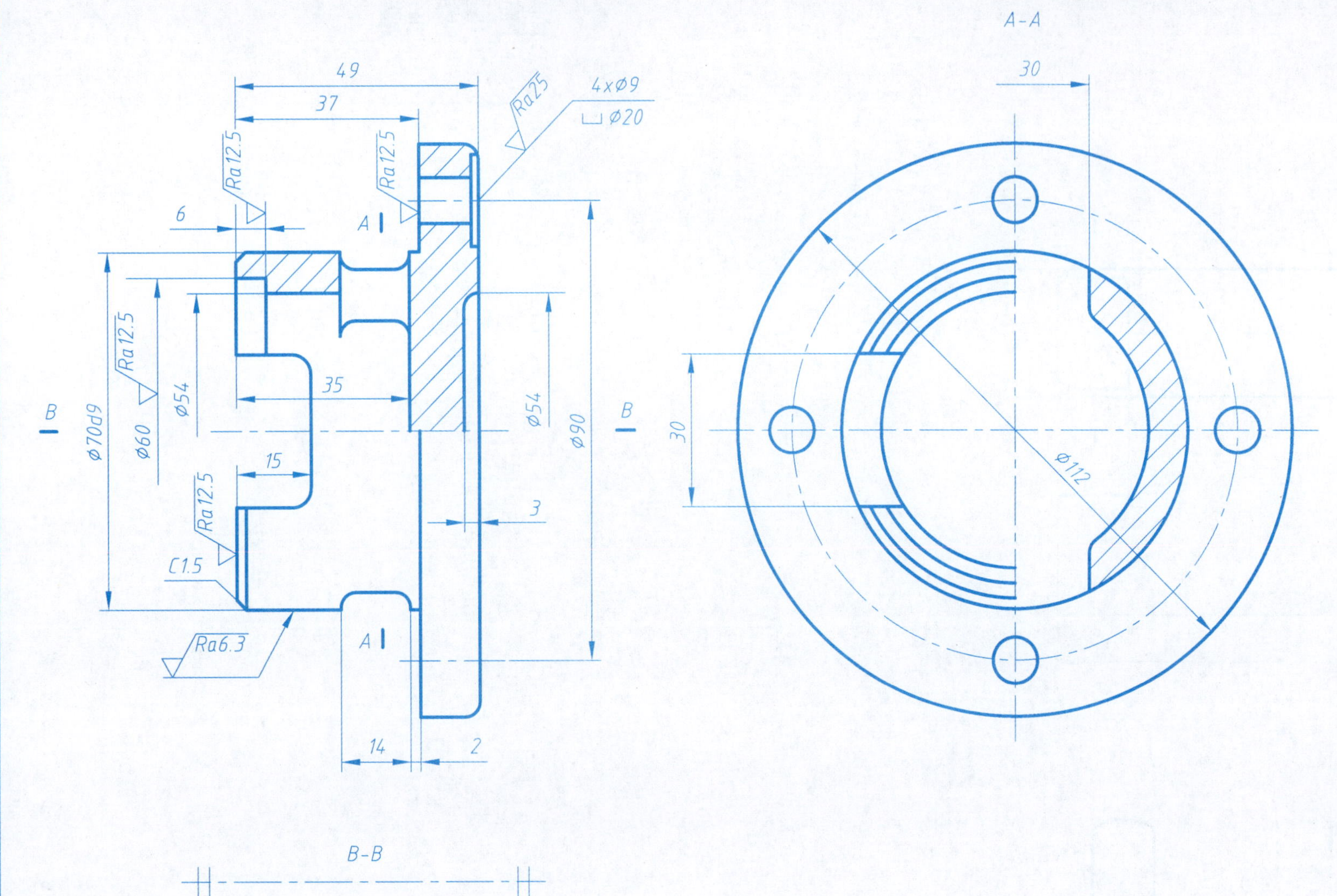

看图回答问题

1. 轴承盖的主视图采用的表达方法有:________________。
2. 长度尺寸（轴向尺寸）的主要基准是零件的________端面;径向尺寸的基准是零件的________。
3. ϕ70d9写成有上下偏差数值的注法为________。
4. 零件中的表面结构代号 Ra6.3 的含义为:

____

5. 解释 4×Ø9 ⌴Ø20 的含义:

____

6. 在指定位置画出B-B剖视图（采用对称画法，只画出下半部分）。

技术要求

1. 未注圆角R3。
2. 铸件不得有气孔、裂纹等缺陷。

轴承盖		比例	1:1	图号	
		数量	1	材料	HT200
制图			(校名)		
审图					

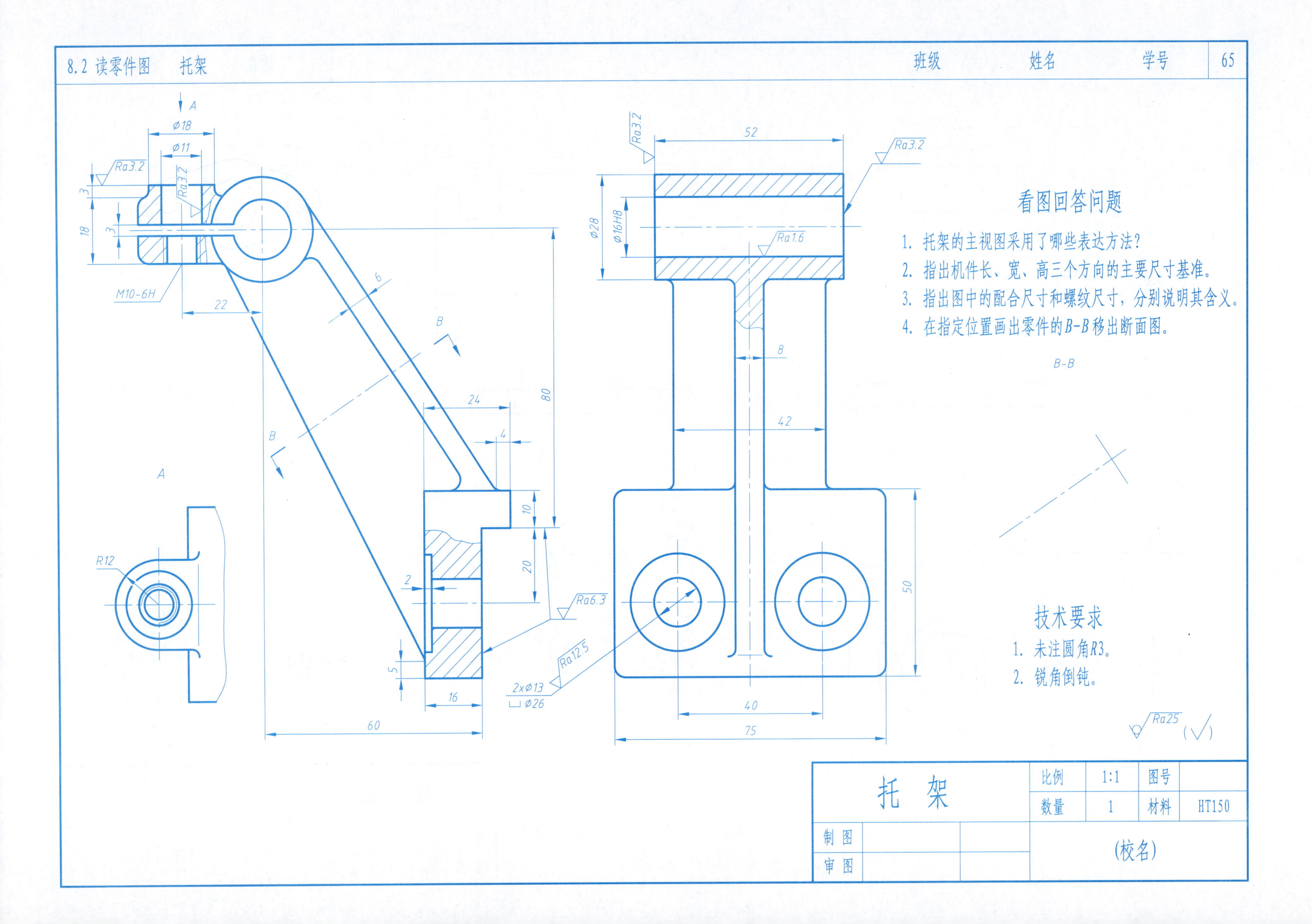

8.2 读零件图　托架
班级
姓名
学号
65
看图回答问题
1. 托架的主视图采用了哪些表达方法？
2. 指出机件长、宽、高三个方向的主要尺寸基准。
3. 指出图中的配合尺寸和螺纹尺寸，分别说明其含义。
4. 在指定位置画出零件的B-B移出断面图。
B-B
技术要求
1. 未注圆角R3。
2. 锐角倒钝。
A
Ø18
Ø11
Ra3.2
Ra3.2
3
18
3
M10-6H
22
6
B
B
24
4
80
10
20
2
5
16
60
Ra6.3
Ra12.5
2xØ13
⌴Ø26
A
R12
52
Ra3.2
Ra3.2
Ø28
Ø16H8
Ra1.6
8
42
50
40
75
Ra25 (√)
托　架
比例
1:1
图号
数量
1
材料
HT150
制　图
审　图
(校名)

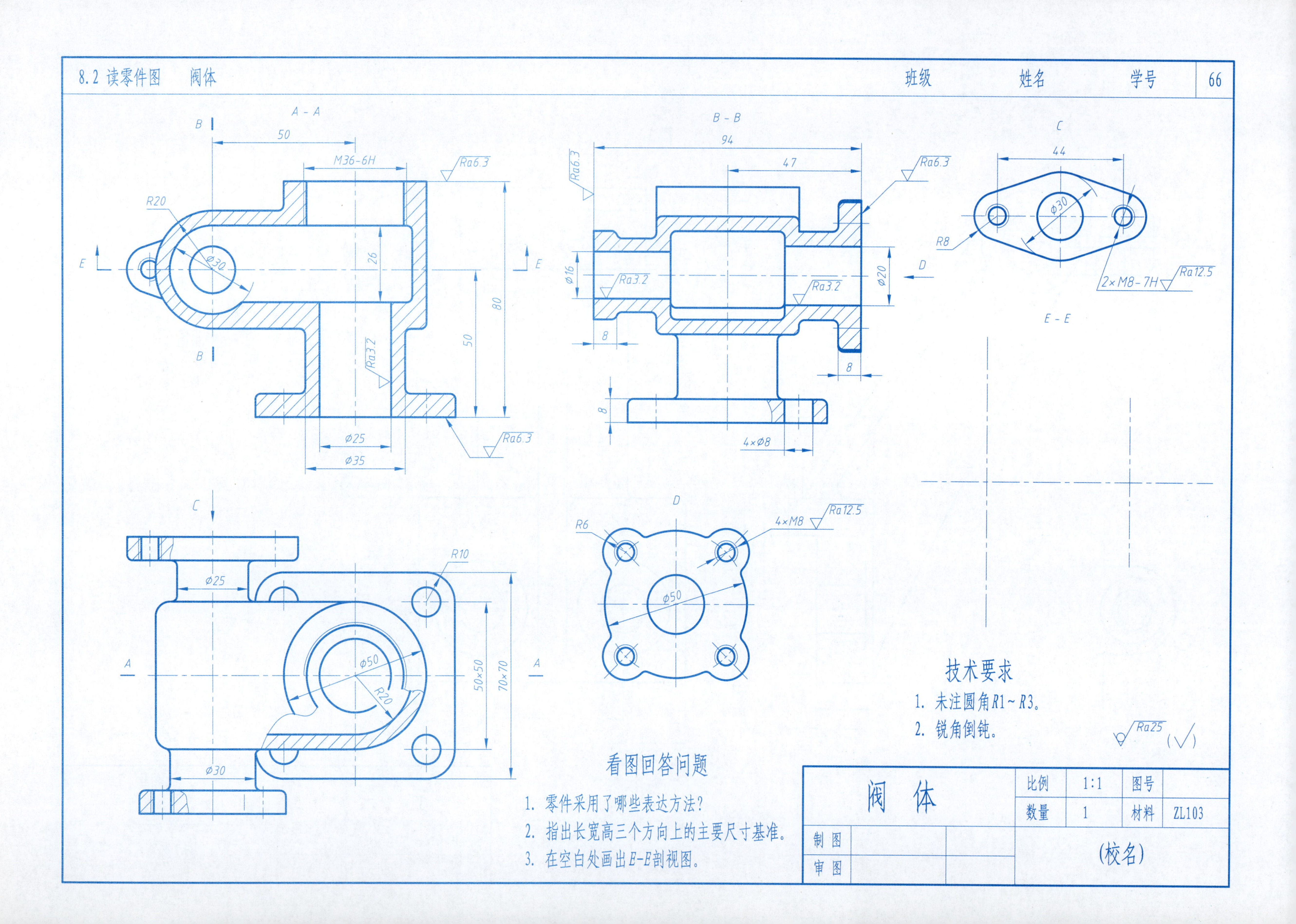
8.2 读零件图　阀体
班级
姓名
学号
66
A - A
B - B
C
D
E - E
50
M36-6H
Ra6.3
R20
φ30
26
80
50
Ra3.2
φ25
φ35
94
47
Ra6.3
φ16
Ra3.2
φ20
8
4×φ8
44
R8
2×M8-7H
Ra12.5
R6
4×M8
φ50
R10
50×50
70×70
技术要求
1. 未注圆角R1~R3。
2. 锐角倒钝。
Ra25
看图回答问题
1. 零件采用了哪些表达方法？
2. 指出长宽高三个方向上的主要尺寸基准。
3. 在空白处画出E-E剖视图。
阀　体
比例
1:1
图号
数量
1
材料
ZL103
制图
审图
(校名)

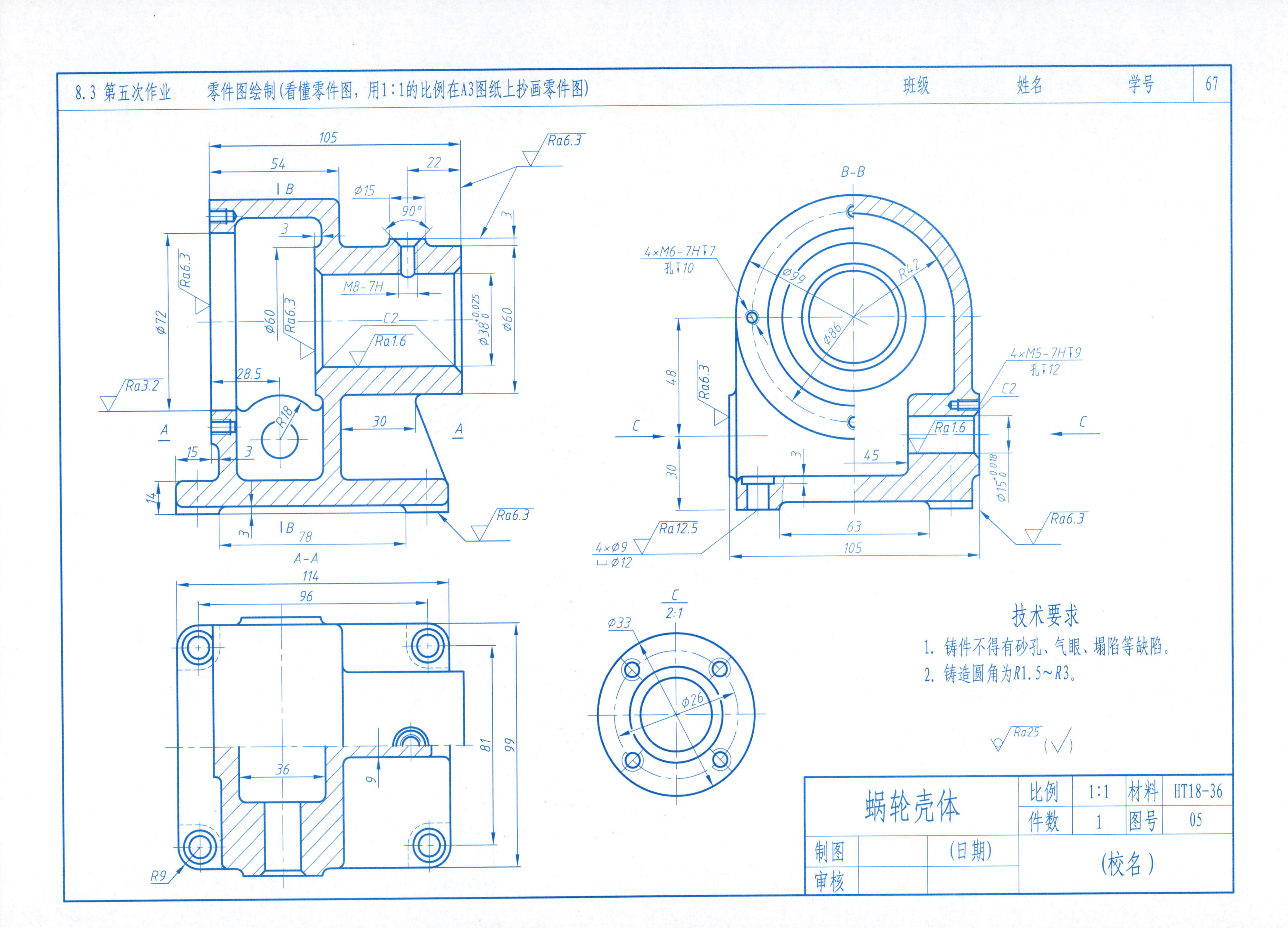
8.3 第五次作业
零件图绘制(看懂零件图，用1:1的比例在A3图纸上抄画零件图)
班级
姓名
学号
67
B-B
A-A
C
2:1
4×M6-7H↧7
孔↧10
4×M5-7H↧9
孔↧12
4×ϕ9
⌴ϕ12
M8-7H
技术要求
1. 铸件不得有砂孔、气眼、塌陷等缺陷。
2. 铸造圆角为R1.5~R3。
Ra25
(√)
蜗轮壳体
比例
1:1
材料
HT18-36
件数
1
图号
05
制图
(日期)
审核
(校名)

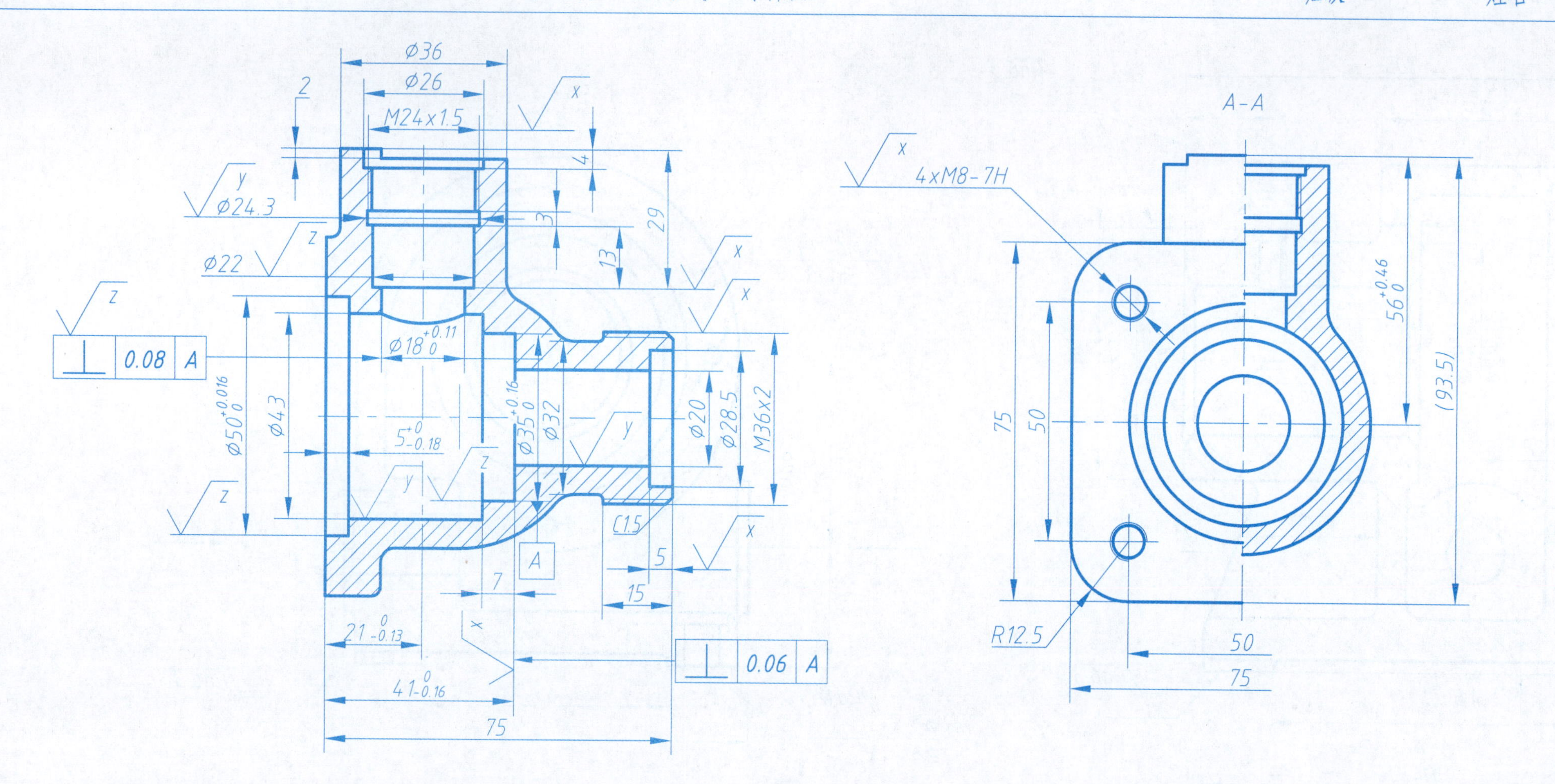

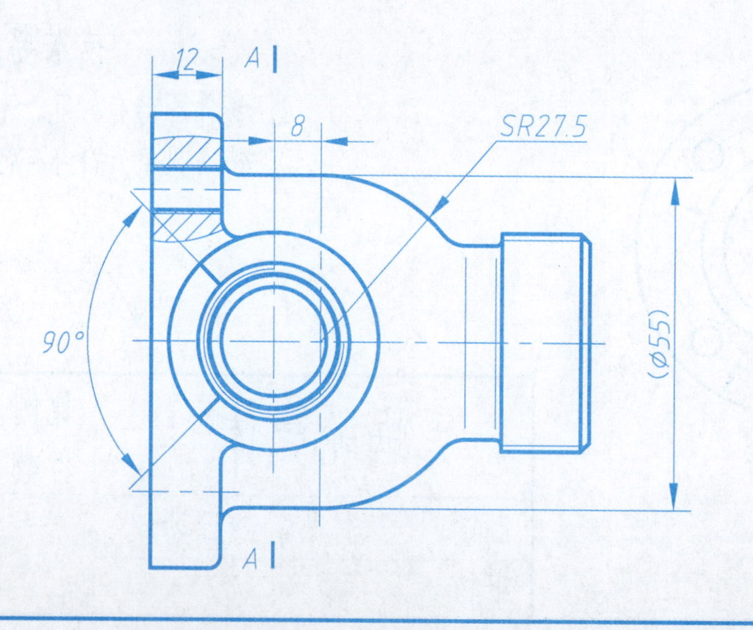

技术要求

1. 铸件应经时效处理，以消除内应力。
2. 未注铸造圆角R1~R3。

$\sqrt{x}$ = $\sqrt{Ra\ 12.5}$

$\sqrt{y}$ = $\sqrt{Ra\ 6.3}$

$\sqrt{z}$ = $\sqrt{Ra\ 3.2}$

$\sqrt{Ra\ 50}$ ($\sqrt{}$)

阀体		比例	1.5:1	材料	ZG25
		件数	1	图号	
制图				(校名)	
审核					

1. 根据装配图((a)图)中的标注填空，并在零件图((b)、(c)、(d)图)上注出相应的尺寸和偏差。

尺寸$\phi40\frac{H7}{n6}$是_____制配合，公称尺寸为_____公差带代号：孔为_____，轴为_____。

尺寸$\phi40\frac{H8}{f7}$是_____制配合，公称尺寸为_____公差带代号：孔为_____，轴为_____。

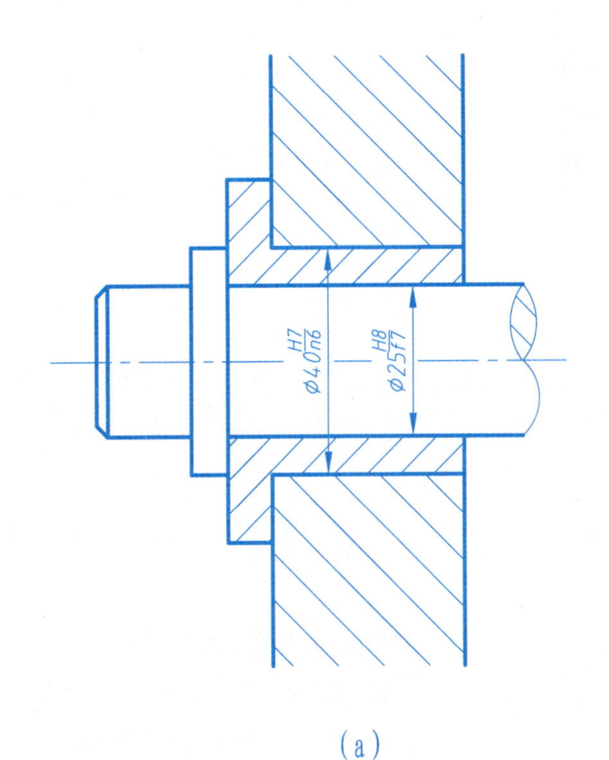

(a)

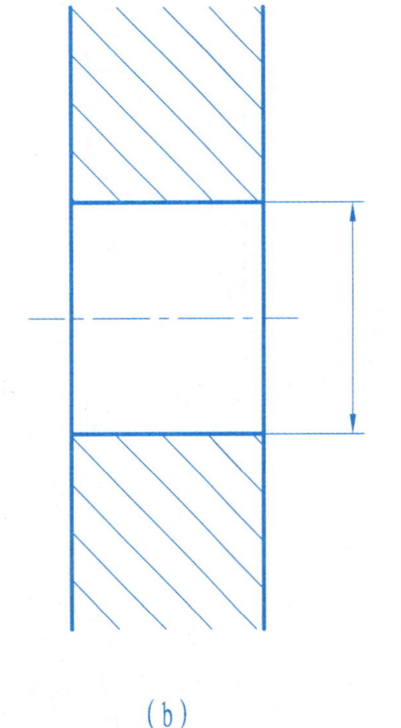

(b)

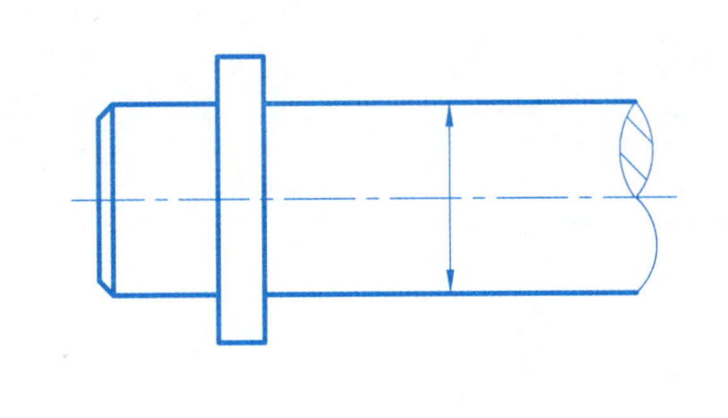

(c)

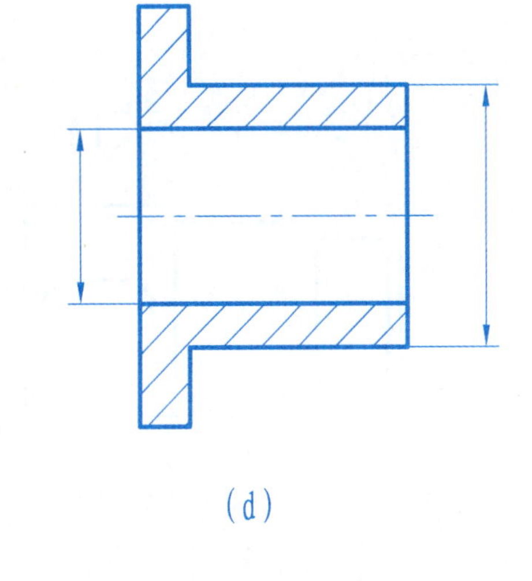

(d)

2. 尺寸$\phi40\frac{H7}{g6}$，将查表计算结果填入表中，并画出公差带图。

名　称	孔	轴
公称尺寸		
上极限尺寸		
下极限尺寸		
上极限偏差		
下极限偏差		
公差		
最大间隙		
最小间隙		

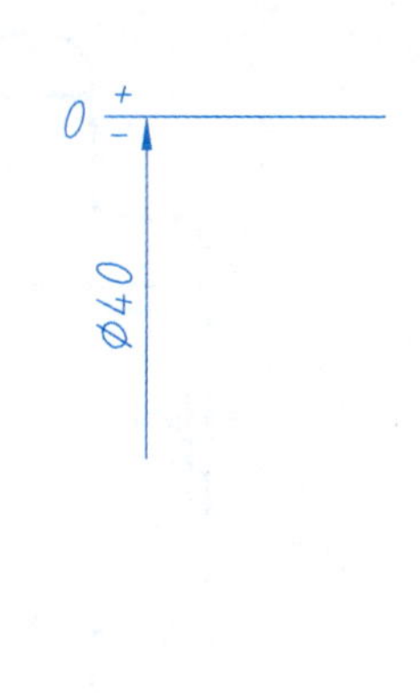

3. 根据轴和孔的极限偏差值，在装配图上标注出其配合代号。

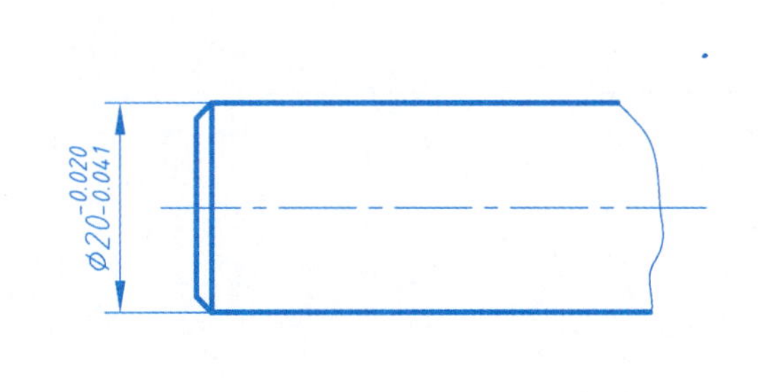

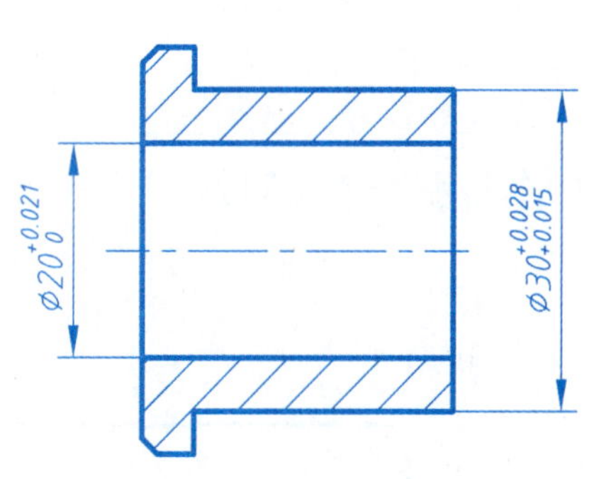

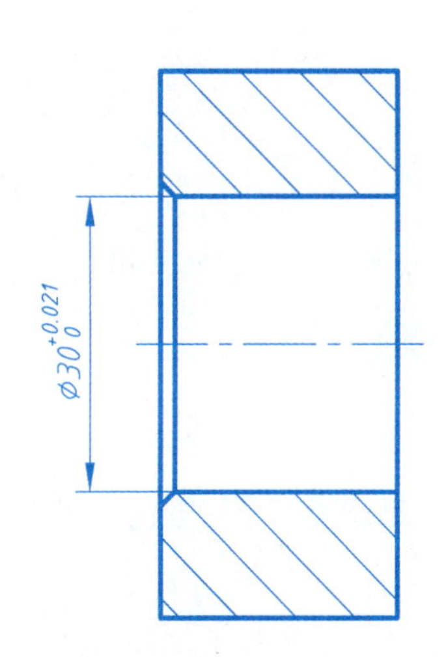

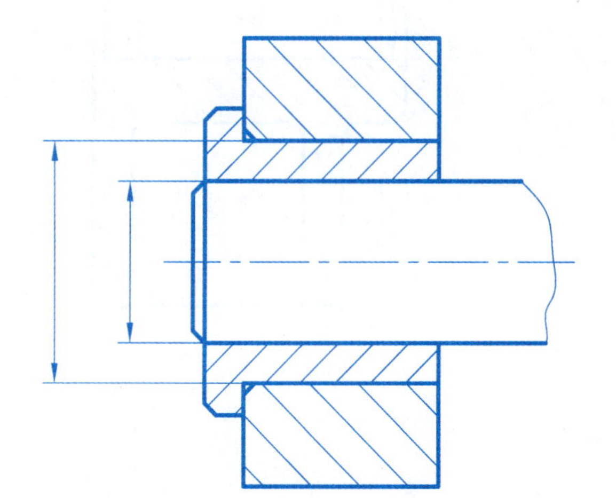

1. 用文字说明图中框格标注的含义。

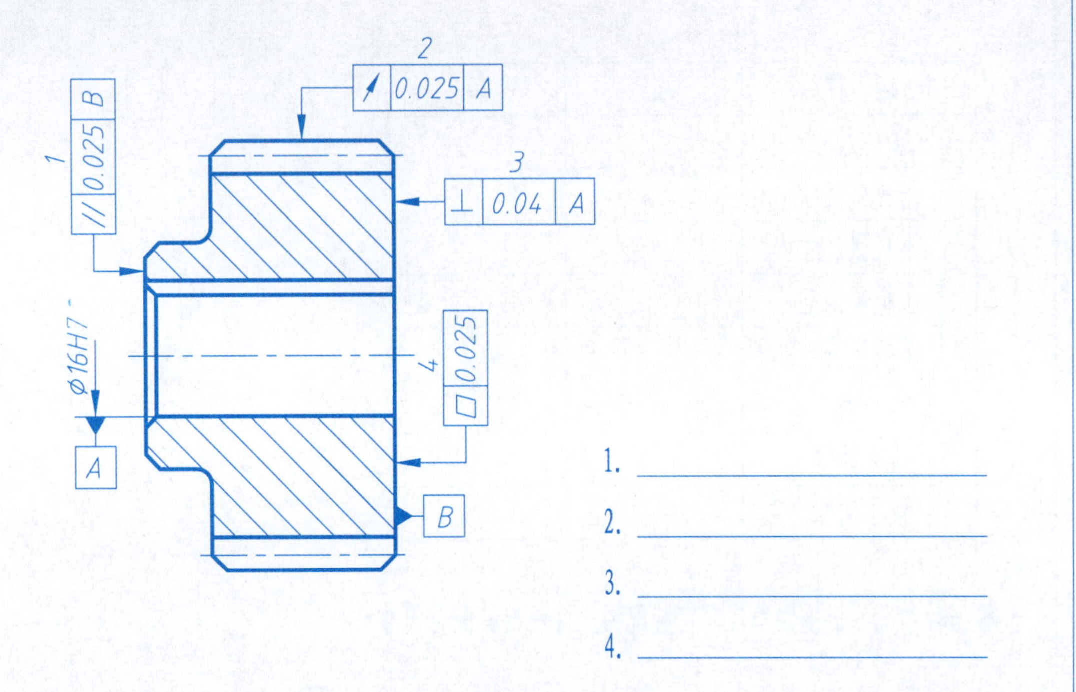

1. ______
2. ______
3. ______
4. ______

2. 将文字说明的几何公差标注在图上。

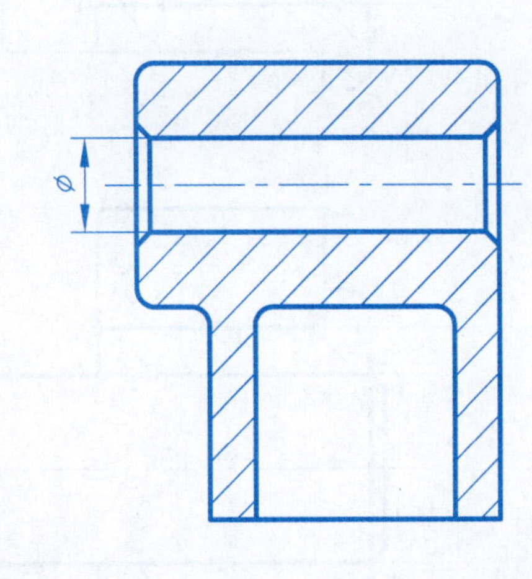

1. 孔轴线直线度不大于ϕ0.012。
2. 孔ϕ圆度不大于0.05。
3. 底面平面度不大于0.01。
4. 孔ϕ轴线对底面平行度不大于0.03。

3. 将指定的表面结构用代号标注在图上。

(1)

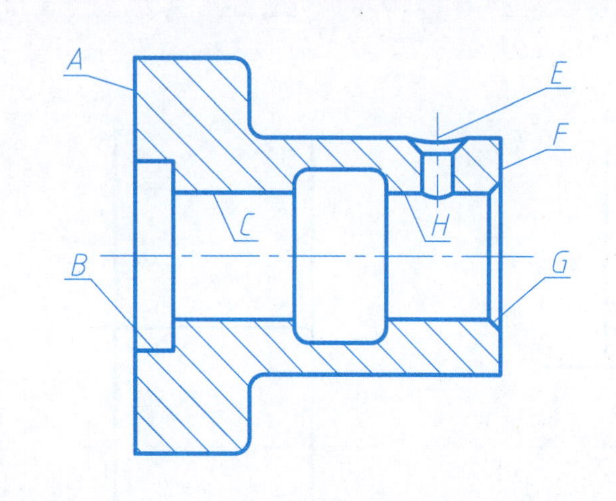

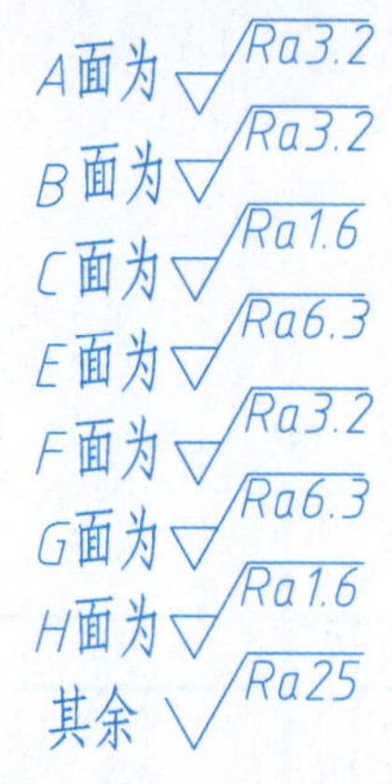

(2)

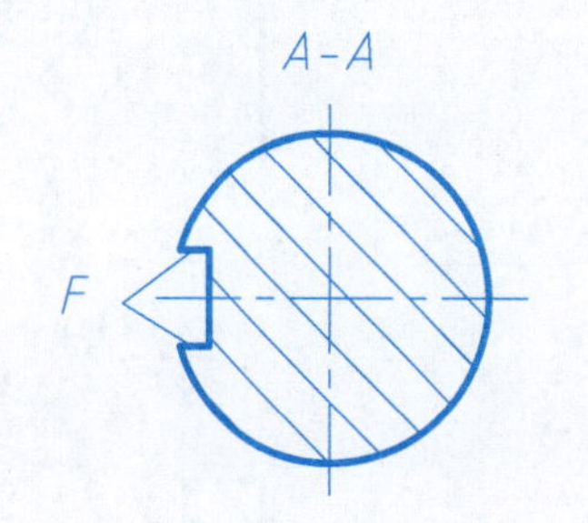

B端面Ra最大允许值为6.3（μm）。
C端面Ra最大允许值为0.8（μm）。
E端面Ra最大允许值为3.2（μm）。
F端面Ra最大允许值为1.6（μm）。

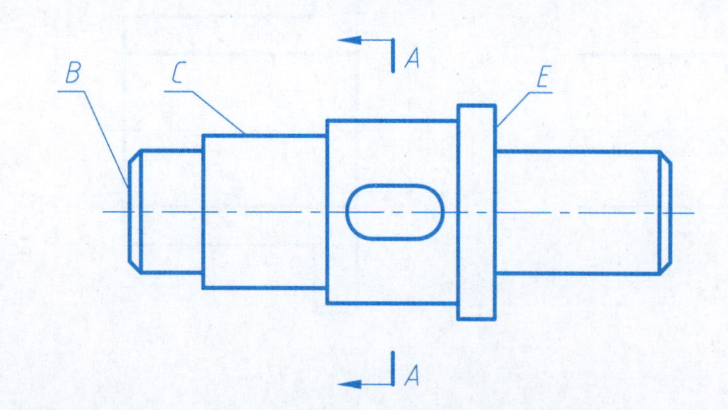

9.1 第六次作业——根据手压阀零件图拼画装配图

班级　　姓名　　学号

手压阀是吸进和排出液体的一种手动阀门。当握住手柄向下压紧阀杆时，弹簧被压缩阀杆向下移动，液体出入口相通，手柄抬起时，阀杆向上紧贴阀体，液体不再通过。

说明：

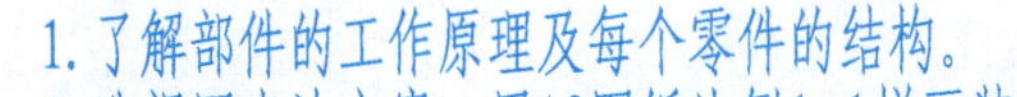

1. 了解部件的工作原理及每个零件的结构。

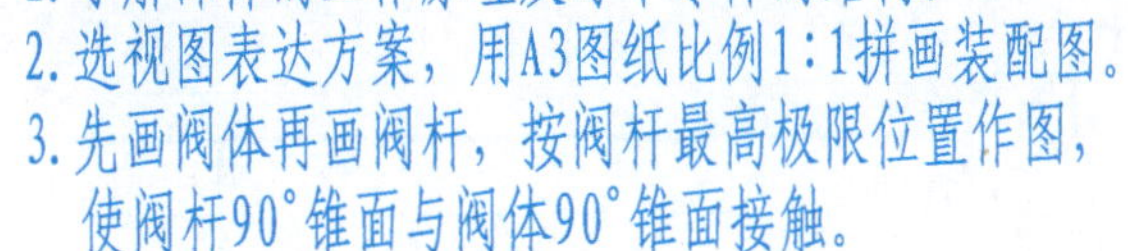

2. 选视图表达方案，用A3图纸比例1:1拼画装配图。
3. 先画阀体再画阀杆，按阀杆最高极限位置作图，使阀杆90°锥面与阀体90°锥面接触。

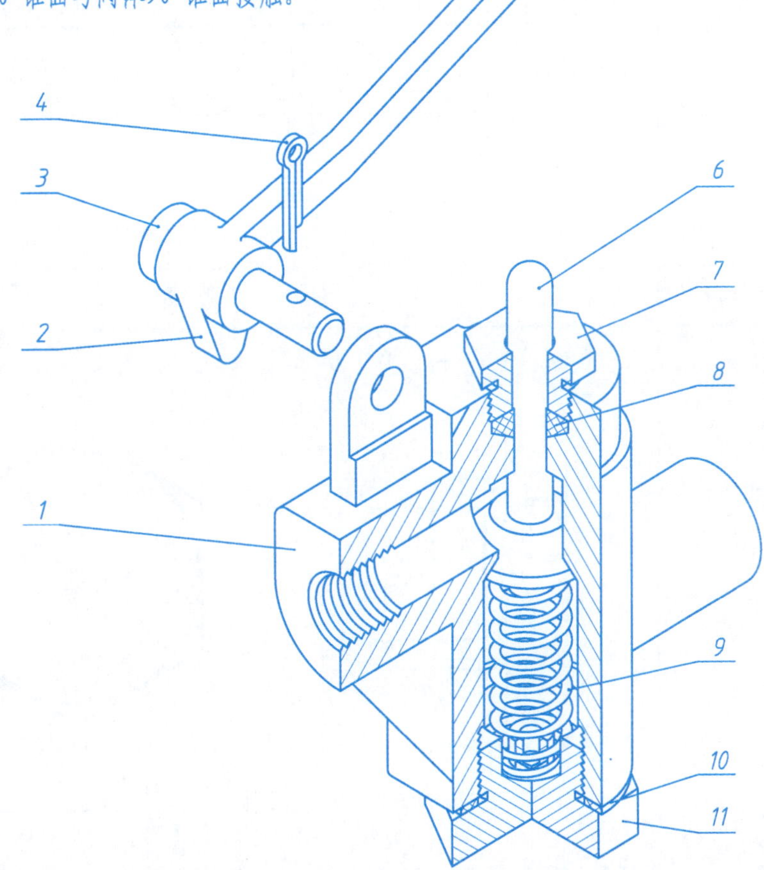

零件明细表

序号	名称	材料	件数	序号	名称	材料	件数
1	阀体	HT150	1	7	螺套	Q235-A	1
2	手柄	20	1	8	填料	石棉	
3	销钉	35	1	9	弹簧	60CrVA	1
4	开口销	GB/T91 4×14	1	10	胶垫	橡胶	1
5	球头	胶木	1	11	调节螺钉	Q235-A	1
6	阀杆	45	1				

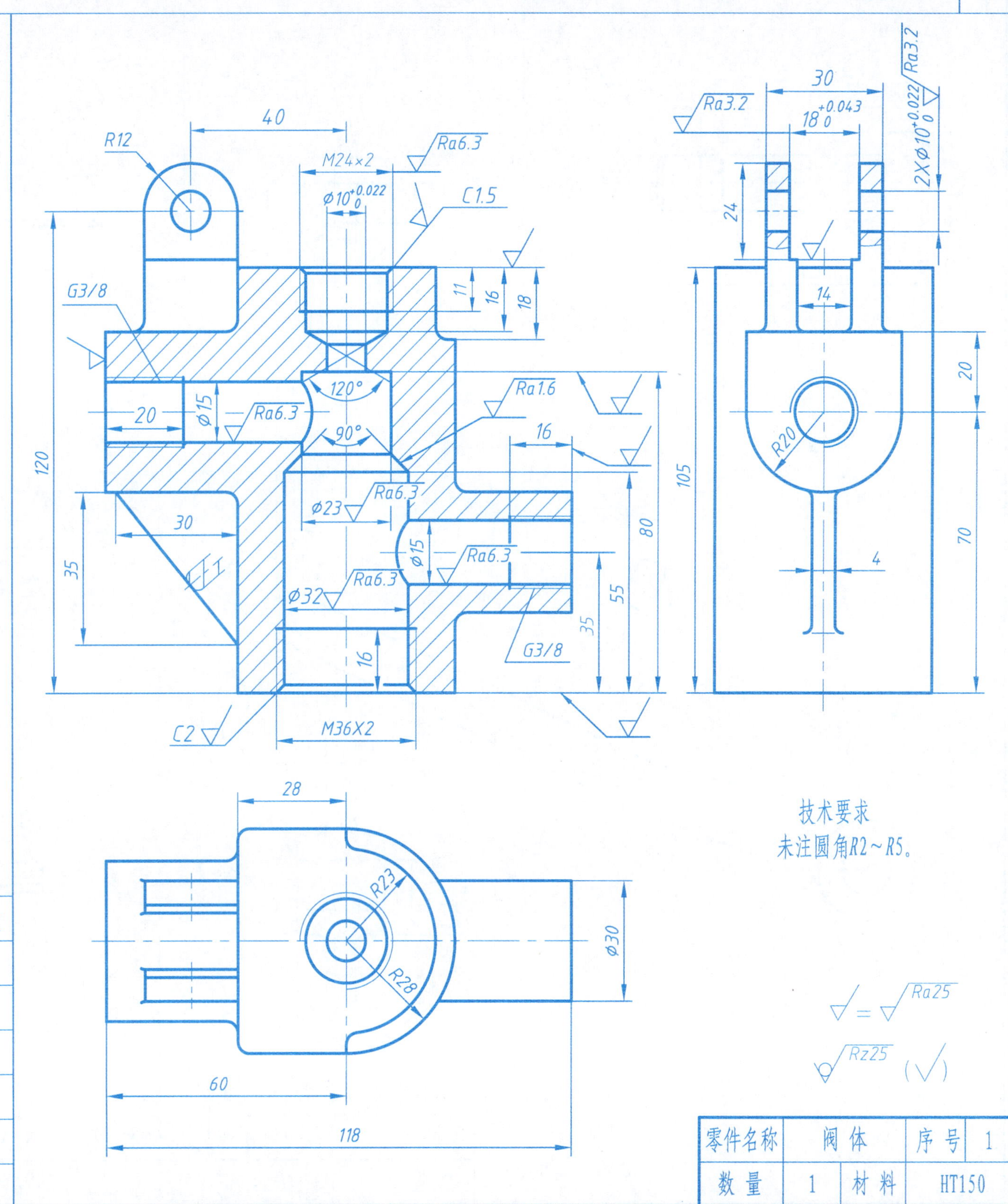

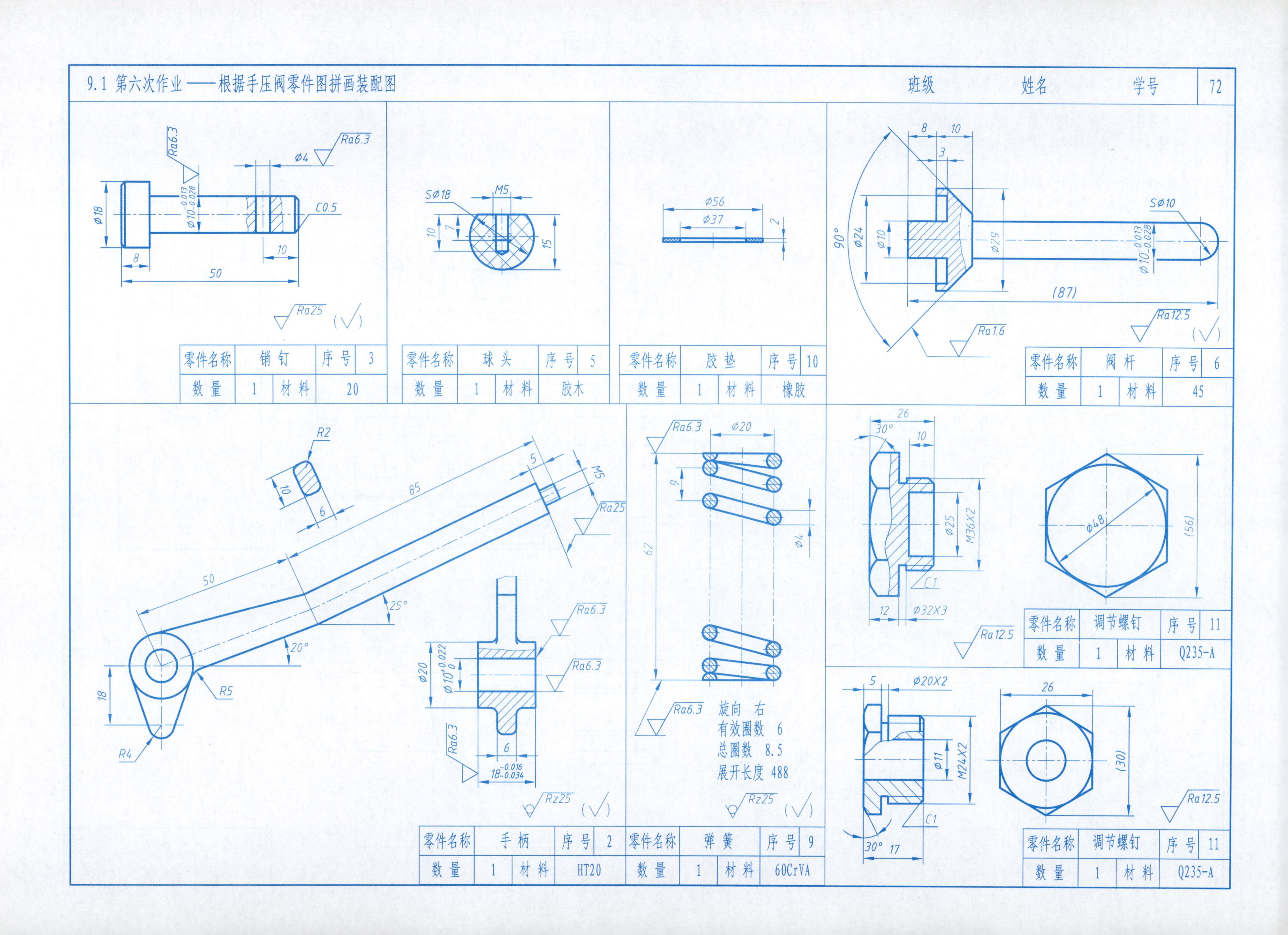
9.1 第六次作业——根据手压阀零件图拼画装配图
班级
姓名
学号
72
Ra6.3
Ø4
Ra6.3
Ø18
Ø10-0.013 -0.028
C0.5
8
10
50
Ra25
(√)
零件名称 销钉 序号 3
数量 1 材料 20
SØ18
M5
10
7
15
零件名称 球头 序号 5
数量 1 材料 胶木
Ø56
Ø37
2
零件名称 胶垫 序号 10
数量 1 材料 橡胶
8
10
3
SØ10
90°
Ø24
Ø10
Ø29
Ø10-0.013 -0.028
(87)
Ra1.6
Ra12.5
(√)
零件名称 阀杆 序号 6
数量 1 材料 45
R2
10
6
85
5
M5
Ra25
50
25°
20°
R5
18
R4
Ra6.3
Ra6.3
Ø20
Ø10+0.022 0
Ra6.3
6
18-0.016 -0.034
Rz25
(√)
零件名称 手柄 序号 2
数量 1 材料 HT20
Ra6.3
Ø20
9
62
Ø4
Ra6.3
旋向 右
有效圈数 6
总圈数 8.5
展开长度 488
Rz25
(√)
零件名称 弹簧 序号 9
数量 1 材料 60CrVA
26
30°
10
Ø25
M36X2
Ø48
(56)
C1
12
Ø32X3
Ra12.5
零件名称 调节螺钉 序号 11
数量 1 材料 Q235-A
5
Ø20X2
26
Ø11
M24X2
(30)
C1
30°
17
Ra12.5
零件名称 调节螺钉 序号 11
数量 1 材料 Q235-A

微动机构是氩弧焊机的微调装置，下图为该部件的装配示意图。焊枪固定在导杆10右端的M10-6H螺孔处，转动手轮1时螺杆6转动，使导杆10在导套9内作轴向移动，进行微调。平键12在导套9的槽内起导向作用。轴套5对导杆10起支承、定位作用，调整好位置后，用紧定螺钉4固定。

说明：

1. 了解部件的工作原理及每个零件的结构。
2. 选视图表达方案，用A3图纸按比例1:1拼画装配图。
3. 先画支座8再画导套等其他零件。

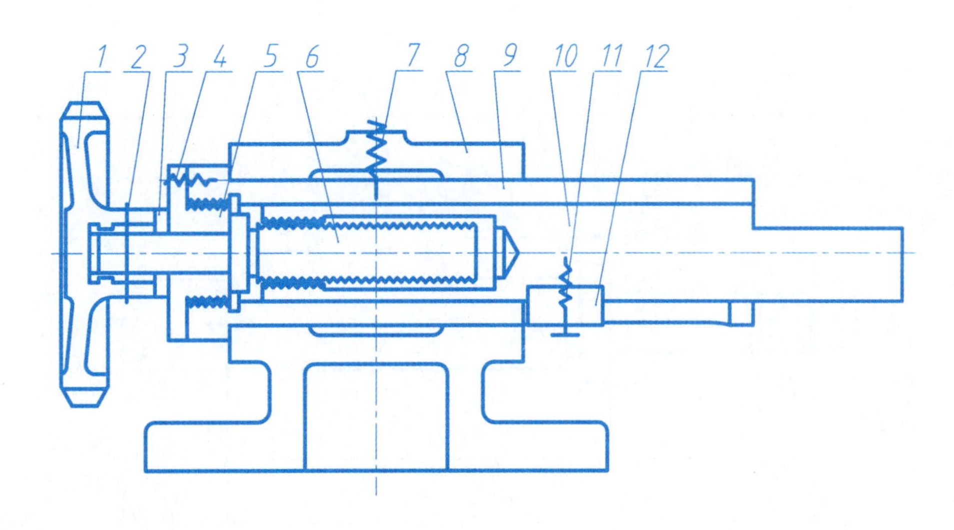

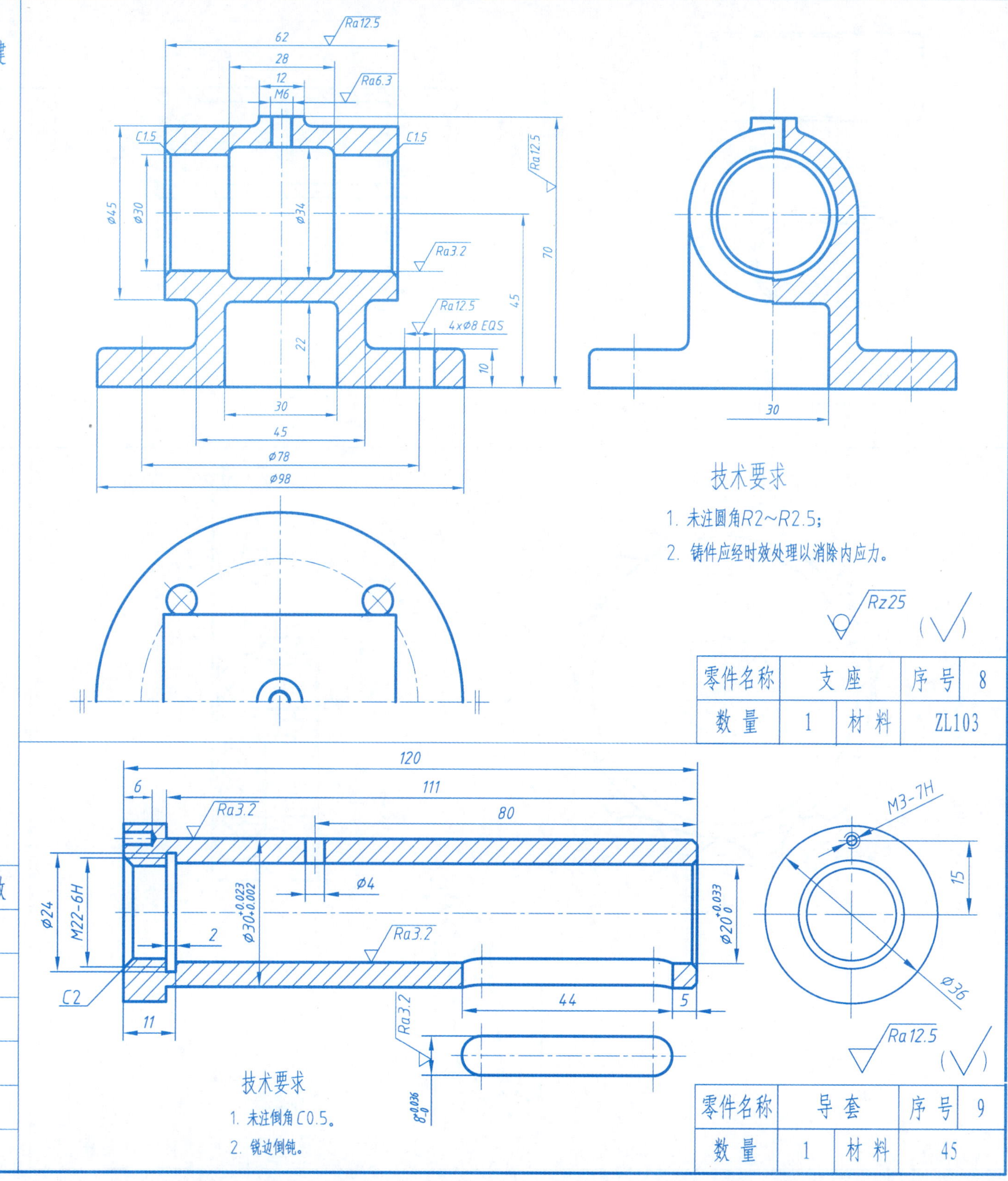

零件明细表

序号	名　称	材　料	件　数	序　号	名　称	材　料	件　数
1	手轮 JB/T7273.1	酚醛塑料	1	7	螺钉M6×12 GB/T75	A3	1
2	圆锥销3×22 GB/T117	35	1	8	支　座	ZL103	1
3	垫　圈	A3	1	9	导　套	45	1
4	螺钉 M3×8 GB/T73	A3	1	10	导　杆	45	1
5	轴　套	45	1	11	螺钉M3×12 GB/T65	A3	1
6	螺　杆	45	1	12	键 8×16	45	1

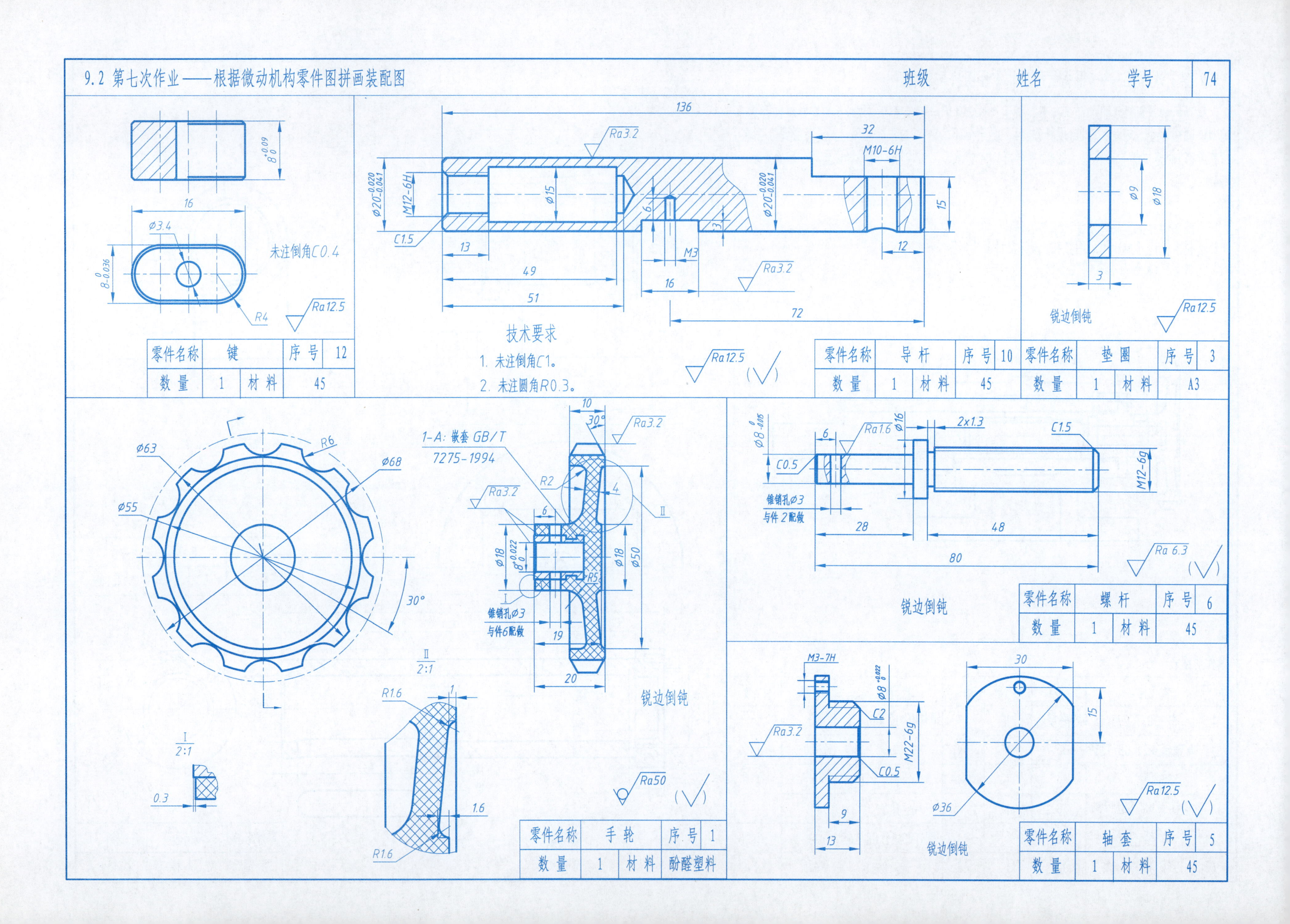
9.2 第七次作业——根据微动机构零件图拼画装配图
班级
姓名
学号
74
未注倒角C0.4
零件名称 键 序号 12
数量 1 材料 45
技术要求
1. 未注倒角C1。
2. 未注圆角R0.3。
零件名称 导杆 序号 10
数量 1 材料 45
M10-6H
M12-6H
M3
锐边倒钝
零件名称 垫圈 序号 3
数量 1 材料 A3
1-A: 嵌套 GB/T 7275-1994
锥销孔⌀3 与件6配做
锐边倒钝
零件名称 手轮 序号 1
数量 1 材料 酚醛塑料
锥销孔⌀3 与件2配做
M12-6g
锐边倒钝
零件名称 螺杆 序号 6
数量 1 材料 45
M3-7H
M22-6g
锐边倒钝
零件名称 轴套 序号 5
数量 1 材料 45

9.3 第八次作业——根据减速器零件图拼画装配图

班级　　姓名　　学号

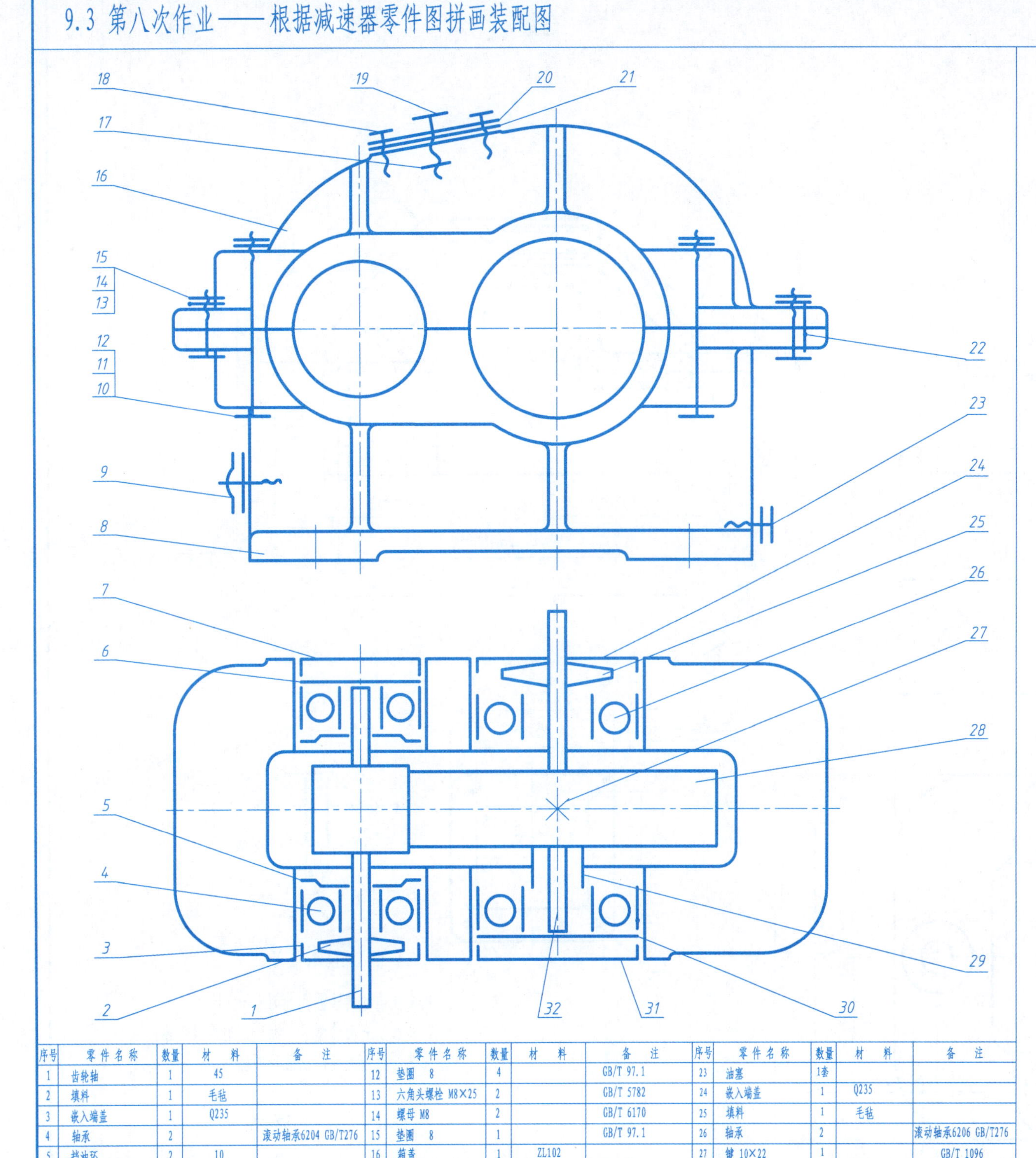

序号	零件名称	数量	材料	备注	序号	零件名称	数量	材料	备注	序号	零件名称	数量	材料	备注
1	齿轮轴	1	45		12	垫圈　8	4		GB/T 97.1	23	油塞	1套		
2	填料	1	毛毡		13	六角头螺栓 M8×25	2		GB/T 5782	24	嵌入端盖	1	Q235	
3	嵌入端盖	1	Q235		14	螺母 M8	2		GB/T 6170	25	填料	1	毛毡	
4	轴承	2		滚动轴承6204 GB/T276	15	垫圈　8	1		GB/T 97.1	26	轴承	2		滚动轴承6206 GB/T276
5	挡油环	2	10		16	箱盖	1	ZL102		27	键 10×22	1		GB/T 1096
6	调整环	1	Q235		17	螺母 M10	1		GB/T 6170	28	齿轮	1	TH 200	
7	嵌入端盖	1	HT20-40		18	圆柱头螺钉 M3×10	4		GB/T 65	29	支承环	1	Q235	
8	箱体	1	ZL102		19	透气塞	1			30	调整环	1	Q235	
9	游标	1			20	视孔盖	1套	Q235		31	嵌入端盖	1	Q235	
10	六角头螺栓 M8×65	4		GB/T 5782	21	垫片	1	耐油橡胶石棉板		32	轴	1	45	
11	螺母 M8	4		GB/T 6170	22	销 4×18	2		GB/T 117					

一、作业内容

根据减速器的零件图画出装配图。

二、作业目的及要求

培养阅读零件图及画装配图的能力。

三、作业指示

1. 按指定的一套零件图绘制装配图，首先要仔细阅读零件图，想象出各零件的形状，并根据示意图及工作原理，查对每个零件，确定零件间的相互关系，进而搞清该部件的结构形状。最后绘制该部件的装配图。

2. 选择部件的表达方案时，要注意应用装配图的特殊表达方法。

3. 根据装配图的尺寸和所选视图的数量确定图形的比例，然后确定图幅。布图时要注意留有注写尺寸、技术要求和编号的位置。

四、作业时数

共16h。

五、工作原理

减速器是装在原动机与工作机之间的传动装置，工作时，动力从主动齿轮轴1输入，由从动齿轮轴32输出，用以降低转速，提高转矩。

箱体采用剖分式，分成箱体8和箱盖16，从动轴32装有两个单列向心球轴承，起着支承和固定轴的作用，轴肩和支承环29顶住内环，嵌入端盖31和调整环30压住外环，以防止轴向移动,同时利用调整环来调整端盖与外环之间的间隙，以防止温度升降时，引起轴的伸缩,而影响正常的运转。主动轴1的装配结构与此相似。

齿轮采用油池侵油润滑，齿轮转动时溅起的油使齿轮得到润滑。打开视孔盖20可以观察齿轮啮合的情况，也可以把油注入箱体。换油时，拧开箱体下部的油塞23放出污油。为排出减速箱工作时油温升高而产生的气体以保持箱体内外气压平衡，盖上装有透气塞19，否则箱内压力增高会使密封失灵，造成漏油现象。

减速箱采用毡圈密封，主动齿轮上还装有挡油环5，以防止啮合区的润滑油溅入到球轴承4，稀释了润滑脂。

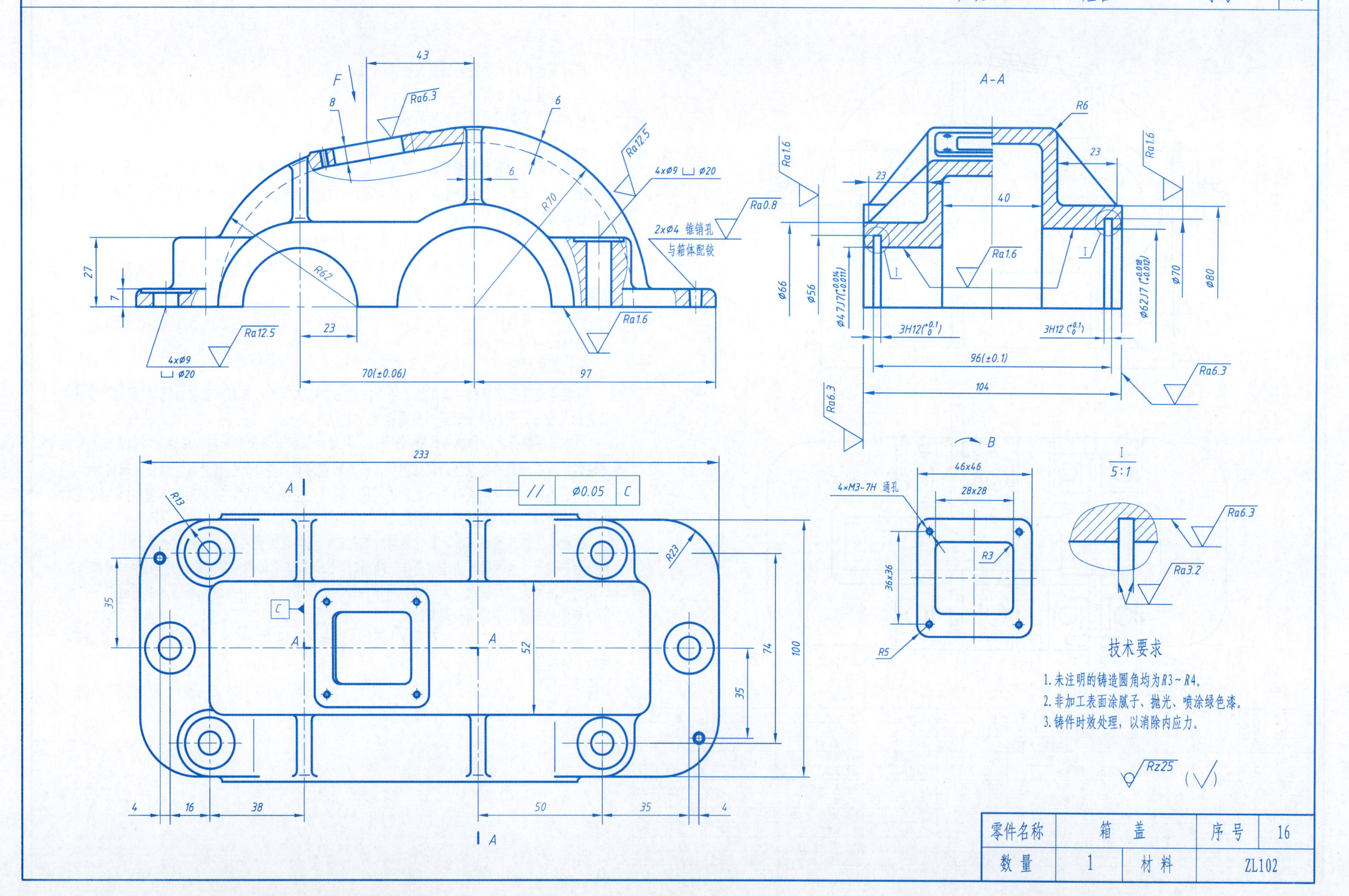
A-A
I
5:1
技术要求
1. 未注明的铸造圆角均为R3～R4。
2. 非加工表面涂腻子、抛光、喷涂绿色漆。
3. 铸件时效处理，以消除内应力。
2xΦ4 锥销孔
与箱体配铰
4×M3-7H 通孔
零件名称
箱　盖
序号
16
数量
1
材料
ZL102

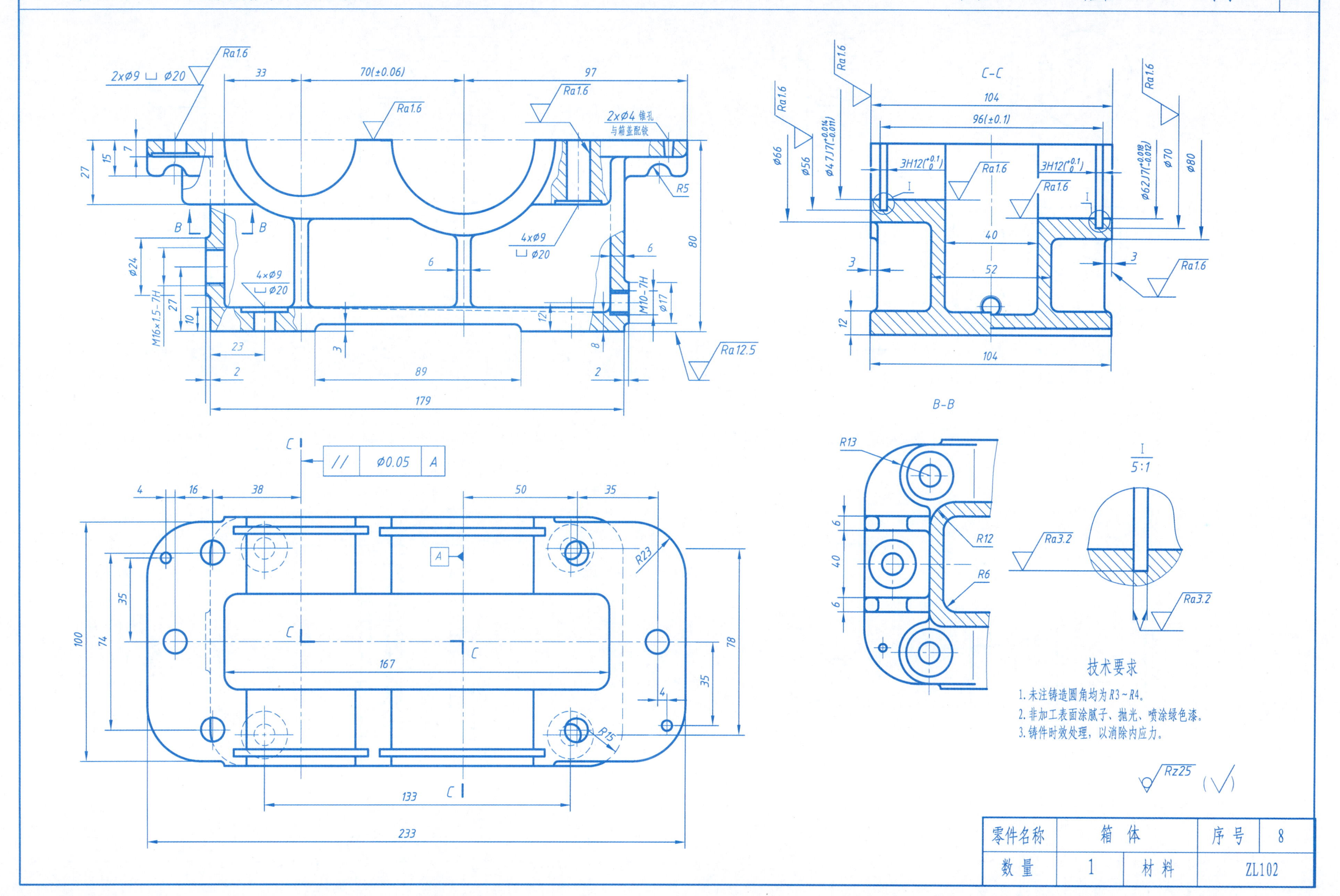
C-C
B-B
I
5:1
技术要求
1. 未注铸造圆角均为R3~R4。
2. 非加工表面涂腻子、抛光、喷涂绿色漆。
3. 铸件时效处理，以消除内应力。
零件名称
箱　体
序号
8
数量
1
材料
ZL102

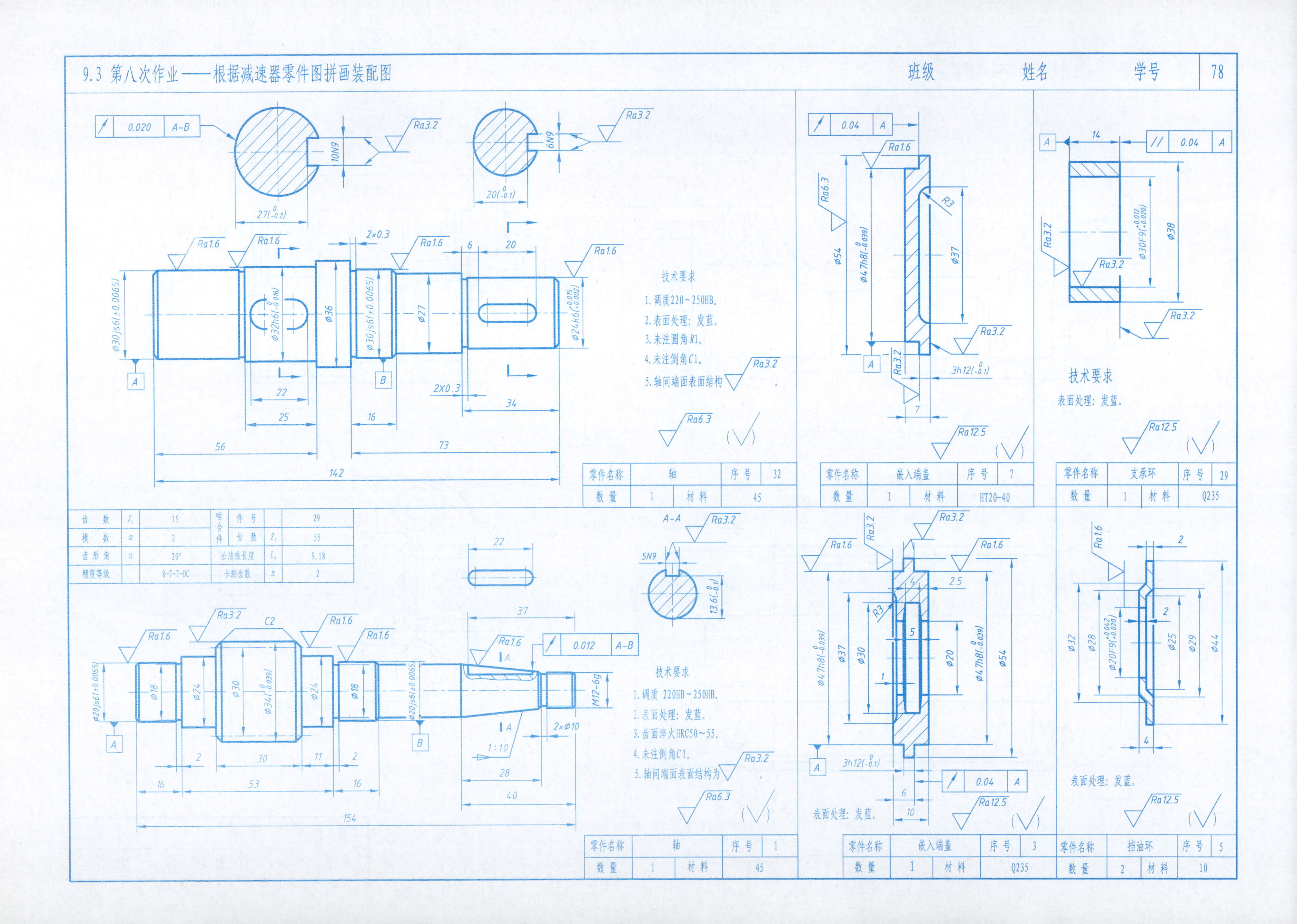
技术要求
1. 调质220~250HB。
2. 表面处理：发蓝。
3. 未注圆角R1。
4. 未注倒角C1。
5. 轴间端面表面结构 Ra3.2
零件名称 轴 序号 32
数量 1 材料 45
零件名称 嵌入端盖 序号 7
数量 1 材料 HT20-40
技术要求
表面处理：发蓝。
零件名称 支承环 序号 29
数量 1 材料 Q235
齿数 z1 15
模数 m 2
齿形角 α 20°
精度等级 8-7-7-DC
啮合件 件号 29
齿数 z2 55
公法线长度 Lk 9.18
卡测齿数 n 2
A-A
技术要求
1. 调质 220HB~250HB。
2. 表面处理：发蓝。
3. 齿面淬火HRC50~55。
4. 未注倒角C1。
5. 轴间端面表面结构为 Ra3.2
零件名称 轴 序号 1
数量 1 材料 45
表面处理：发蓝。
零件名称 嵌入端盖 序号 3
数量 1 材料 Q235
表面处理：发蓝。
零件名称 挡油环 序号 5
数量 2 材料 10

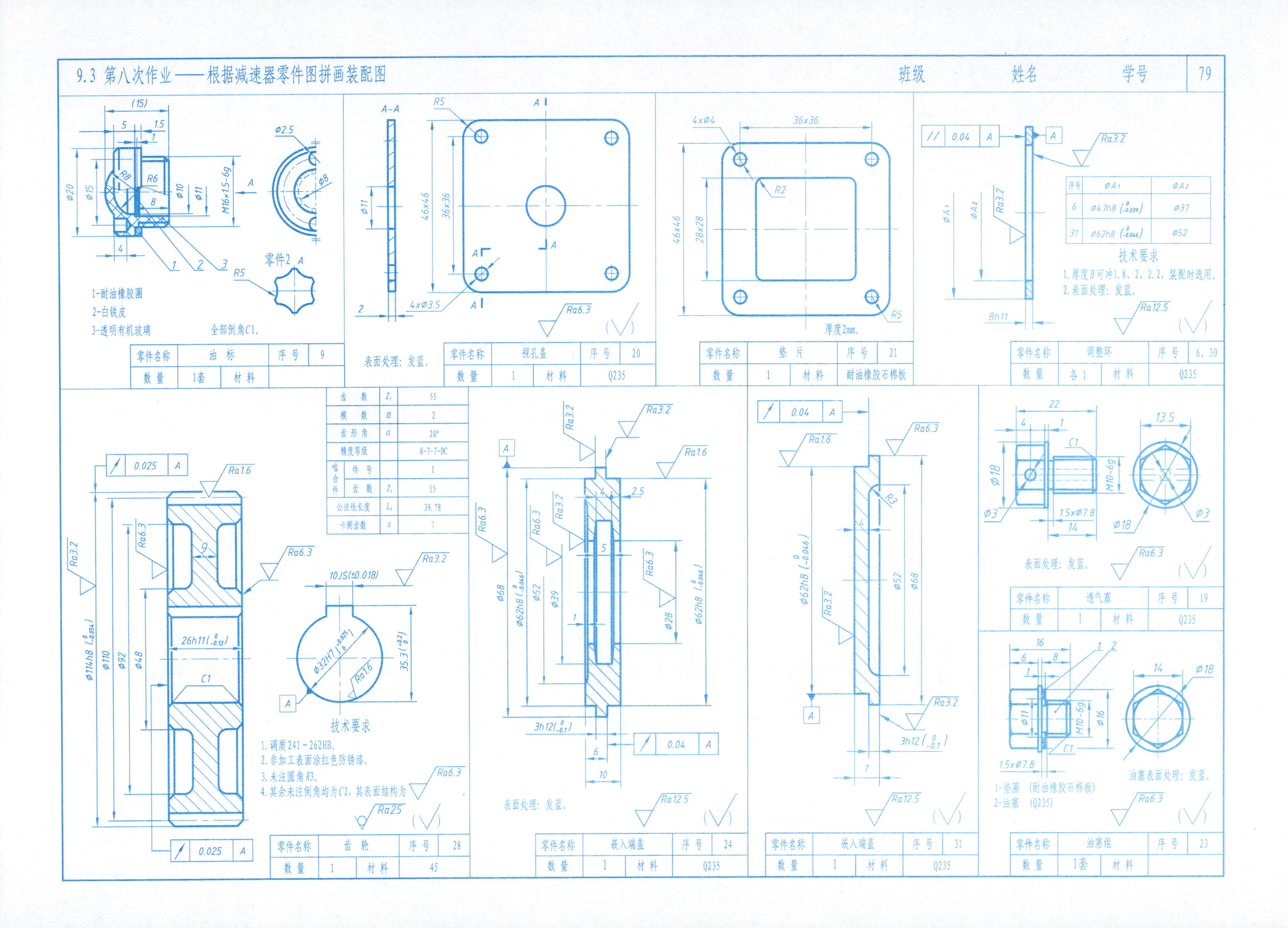

9.3 第八次作业——根据减速器零件图拼画装配图
班级
姓名
学号
79
1-耐油橡胶圈
2-白铁皮
3-透明有机玻璃
全部倒角C1。
零件2
零件名称 油 标 序 号 9
数 量 1套 材 料
表面处理：发蓝。
零件名称 视孔盖 序 号 20
数 量 1 材 料 Q235
厚度2mm。
零件名称 垫 片 序 号 21
数 量 1 材 料 耐油橡胶石棉板
序号 ϕA1 ϕA2
6 ϕ47h8 ϕ37
31 ϕ62h8 ϕ52
技术要求
1.厚度B可冲1.8、2、2.2，装配时选用。
2.表面处理：发蓝。
零件名称 调整环 序 号 6、30
数 量 各1 材 料 Q235
齿 数 Z1 55
模 数 m 2
齿形角 α 20°
精度等级 8-7-7-DC
啮合件 件号 1
齿 数 Z1 15
公法线长度 Lk 39.78
卡测齿数 n 7
技术要求
1.调质241～262HB。
2.非加工表面涂红色防锈漆。
3.未注圆角R3。
4.其余未注倒角均为C2，其表面结构为
零件名称 齿 轮 序 号 28
数 量 1 材 料 45
表面处理：发蓝。
零件名称 嵌入端盖 序 号 24
数 量 1 材 料 Q235
零件名称 嵌入端盖 序 号 31
数 量 1 材 料 Q235
表面处理：发蓝。
零件名称 透气塞 序 号 19
数 量 1 材 料 Q235
1-垫圈 （耐油橡胶石棉板）
2-油塞 （Q235）
油塞表面处理：发蓝。
零件名称 油塞组 序 号 23
数 量 1套 材 料

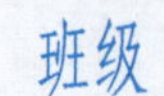

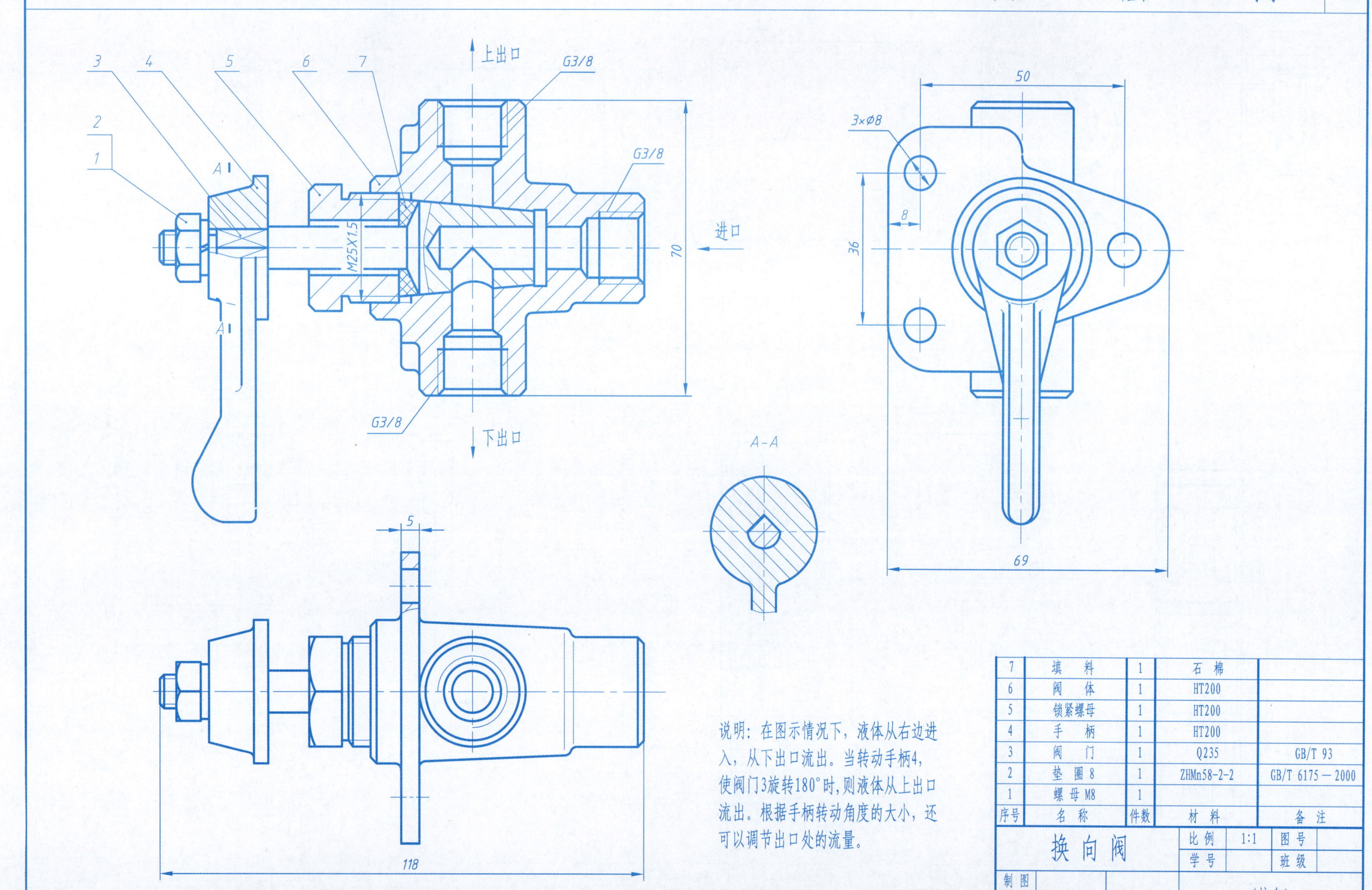

说明：在图示情况下，液体从右边进入，从下出口流出。当转动手柄4，使阀门3旋转180°时，则液体从上出口流出。根据手柄转动角度的大小，还可以调节出口处的流量。

序号	名称	件数	材料	备注
7	填料	1	石棉	
6	阀体	1	HT200	
5	锁紧螺母	1	HT200	
4	手柄	1	HT200	
3	阀门	1	Q235	GB/T 93
2	垫圈 8	1	ZHMn58-2-2	GB/T 6175—2000
1	螺母 M8	1		

换向阀	比例	1:1	图号	
	学号		班级	
制图			(校名)	
审图				

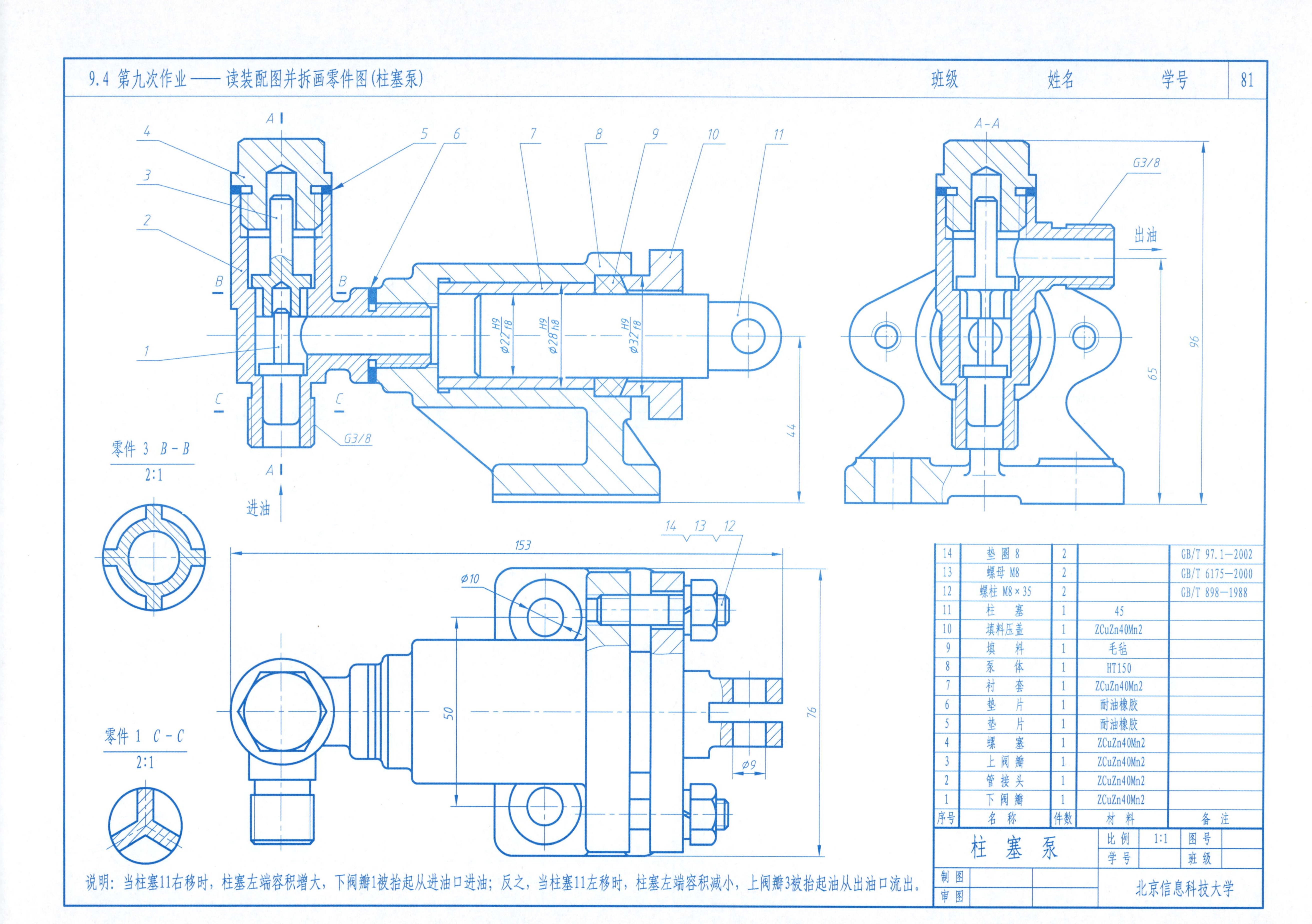

14	垫圈 8	2		GB/T 97.1—2002
13	螺母 M8	2		GB/T 6175—2000
12	螺柱 M8×35	2		GB/T 898—1988
11	柱　塞	1	45	
10	填料压盖	1	ZCuZn40Mn2	
9	填　料	1	毛毡	
8	泵　体	1	HT150	
7	衬　套	1	ZCuZn40Mn2	
6	垫　片	1	耐油橡胶	
5	垫　片	1	耐油橡胶	
4	螺　塞	1	ZCuZn40Mn2	
3	上阀瓣	1	ZCuZn40Mn2	
2	管接头	1	ZCuZn40Mn2	
1	下阀瓣	1	ZCuZn40Mn2	
序号	名　称	件数	材　料	备　注

柱　塞　泵	比例	1:1	图号	
	学号		班级	
制图			北京信息科技大学	
审图				

说明：当柱塞11右移时，柱塞左端容积增大，下阀瓣1被抬起从进油口进油；反之，当柱塞11左移时，柱塞左端容积减小，上阀瓣3被抬起油从出油口流出。

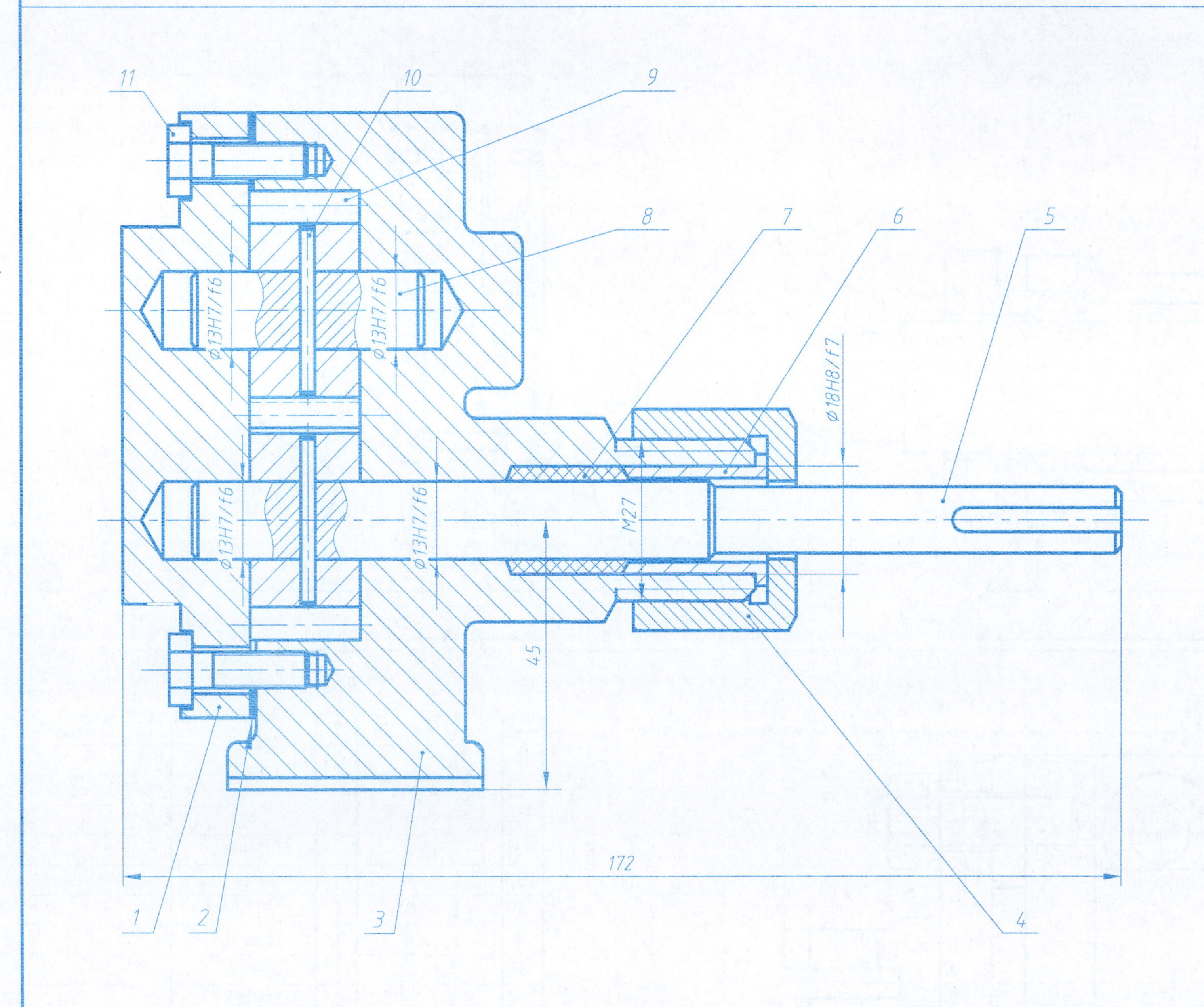

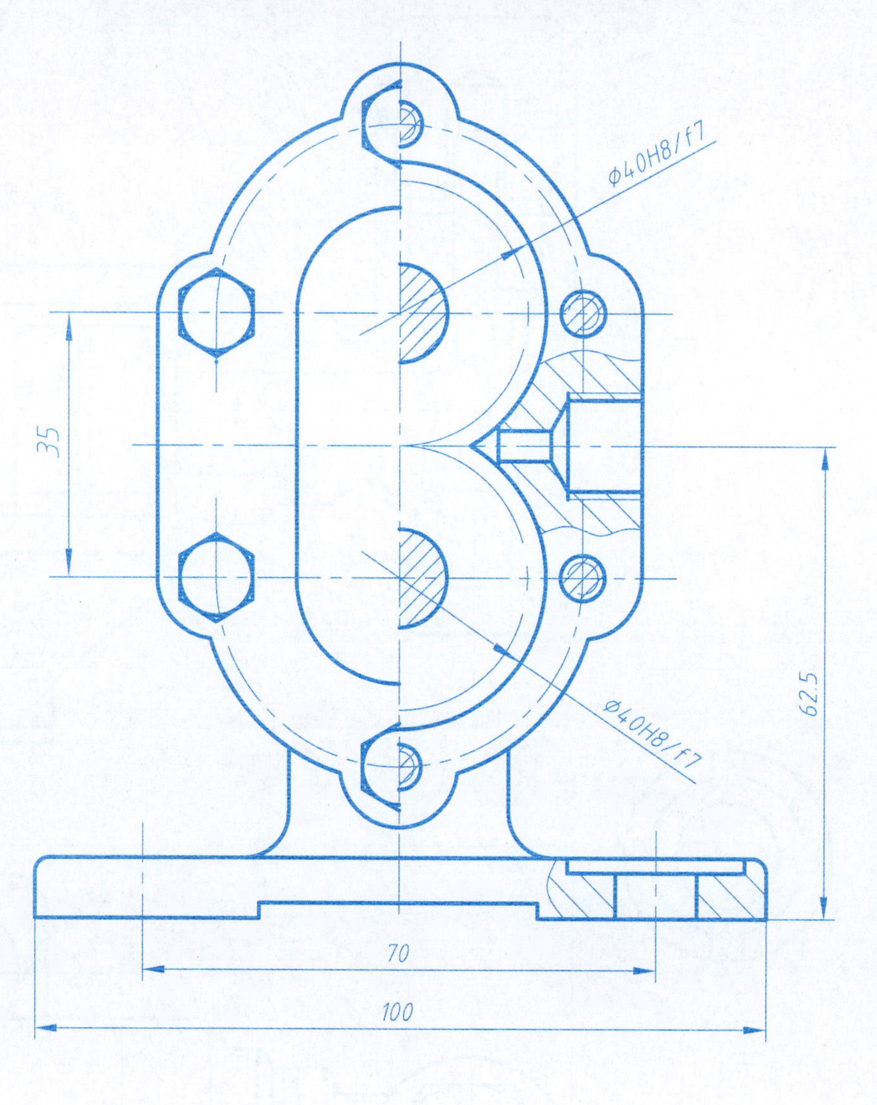

技术要求

1. 与齿轮的间隙为0.05～0.1，间隙用垫片调节。
2. 油泵装配后，用手转动主动齿轮轴，不得有卡阻现象。
3. 不得有渗漏现象。

序号	名称	数量	材料	备注
11	螺栓	6	Q235A	GB/T5782—2000
10	销	2	Q235A	GB/T5782—2000
9	齿轮	2	45	
8	从动轴	1	45	
7	密封填料	1	石棉绳	无图
6	填料压盖	1	Q235A	
5	主动轴	1	45	
4	压盖螺母	1	HT150	
3	泵体	1	HT200	
2	垫片	1		
1	泵盖	1	HT200	

齿轮泵	比例	1:1.5
	重量	
制图		
审核		(校名)

10.1 绘制平面图形 按1:1的比例抄画下列图形 班级 姓名 学号

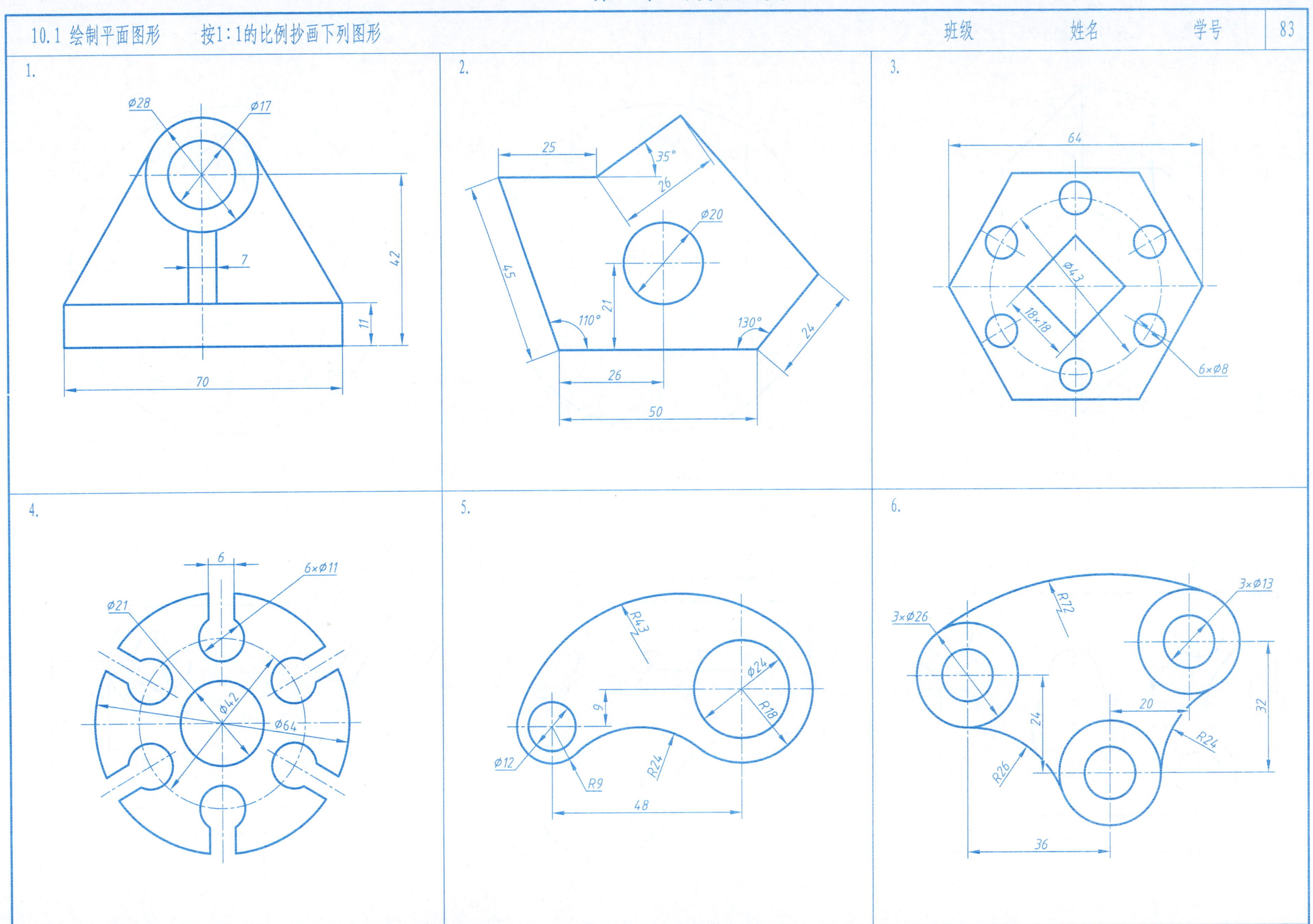

7.

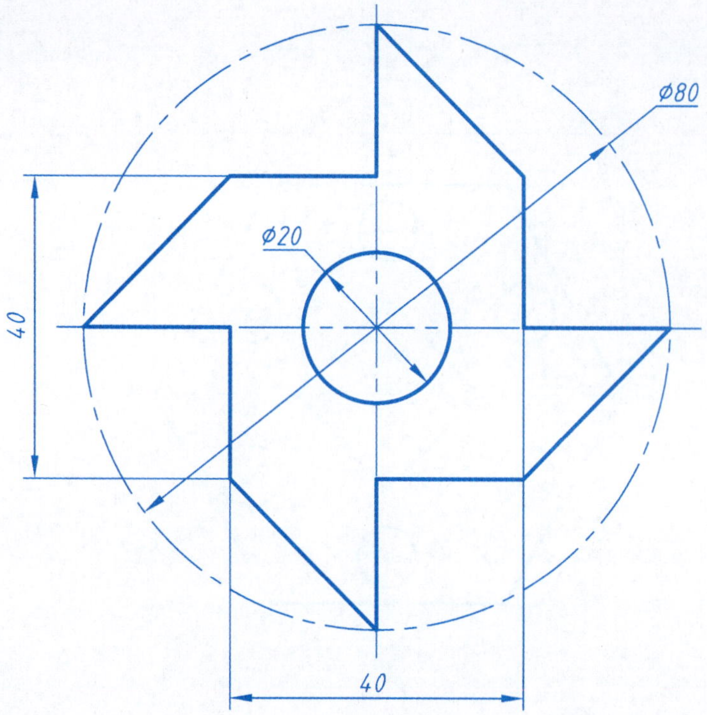

Φ80
Φ20
40
40

8.

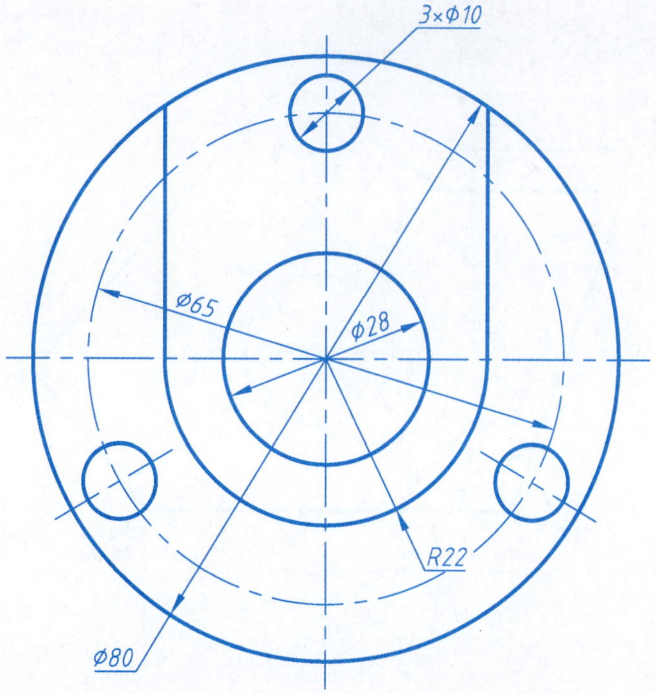

3×Φ10
Φ65
Φ28
R22
Φ80

9.

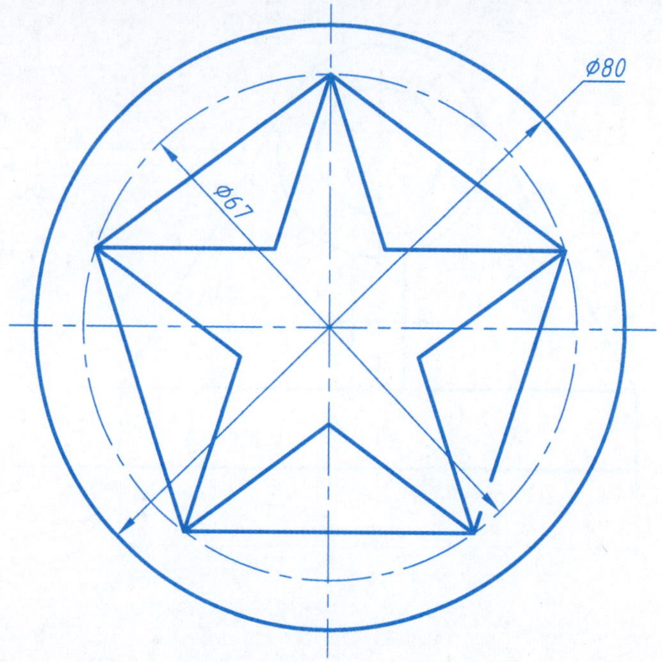

Φ80
Φ67

10.

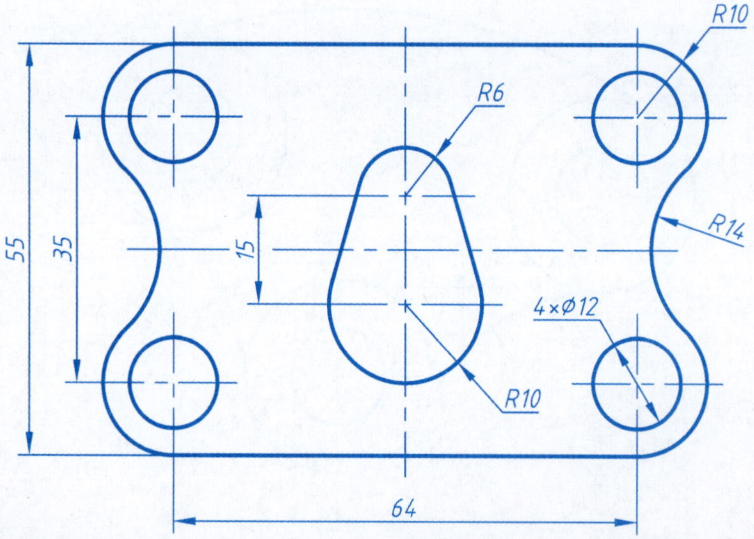

R10
R6
R14
55
35
15
4×Φ12
R10
64

11.

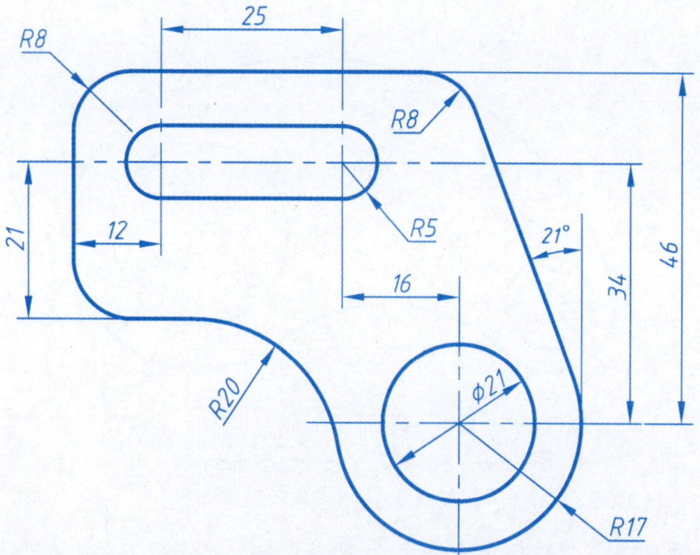

R8
25
R8
R5
12
21
16
21°
34
46
R20
Φ21
R17

12.

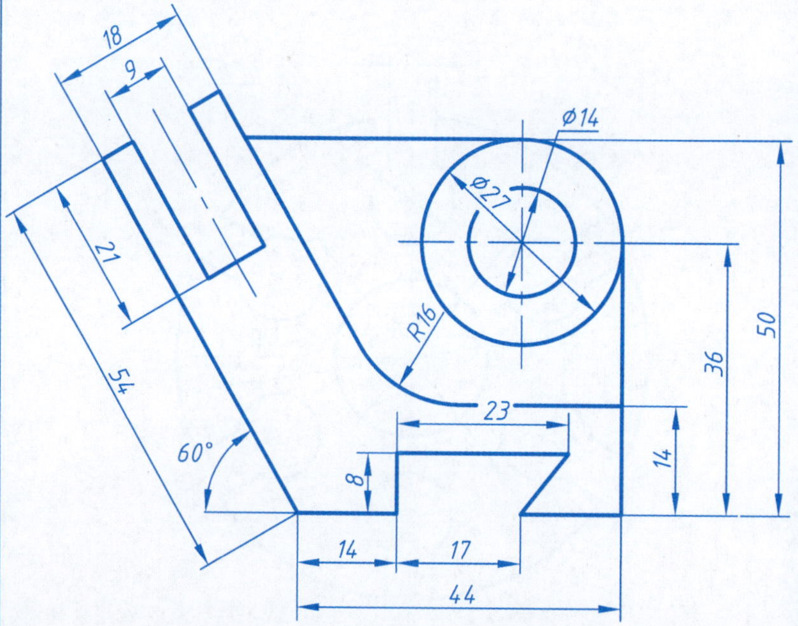

18
9
Φ14
Φ27
21
R16
54
50
36
23
60°
8
14
14
17
44

1.

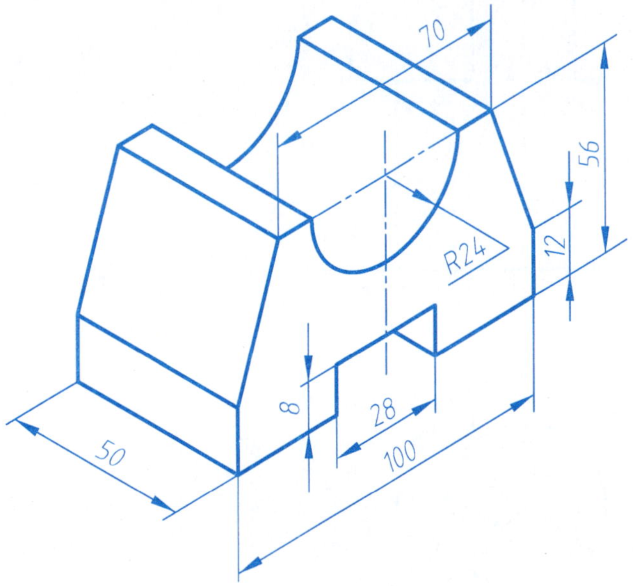

70
56
R24
12
8
28
50
100

2.

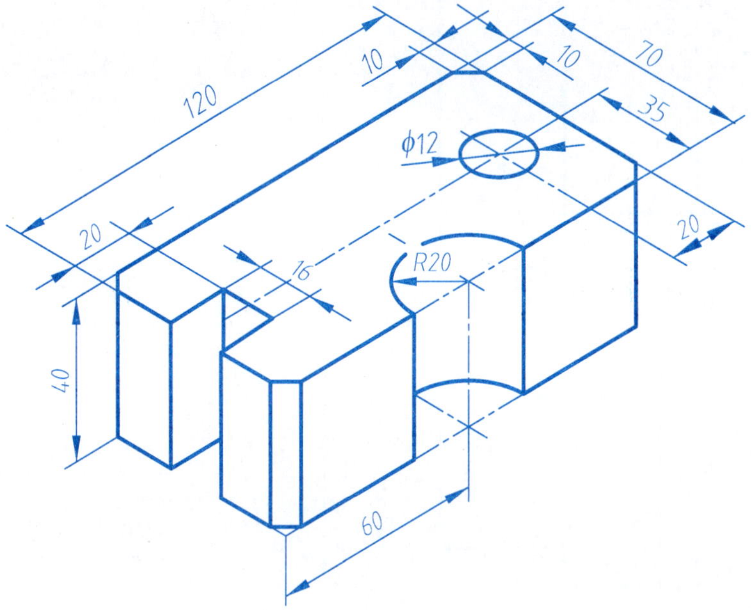

120
10
10
70
35
φ12
20
R20
16
20
40
60

3.

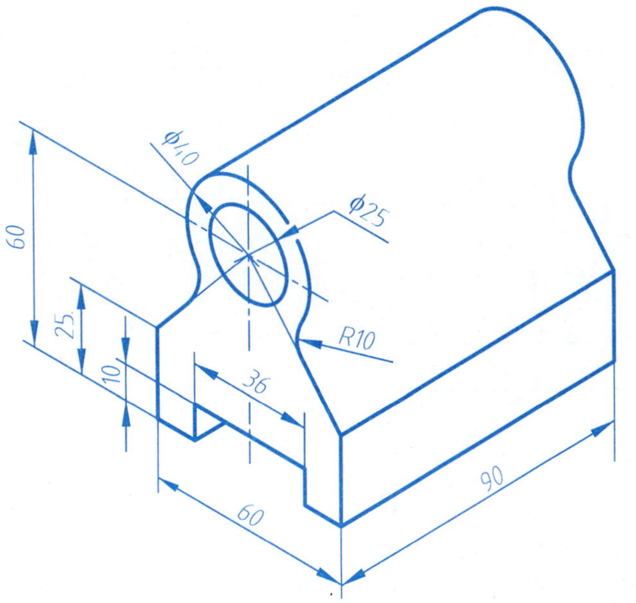

φ40
φ25
60
25
10
R10
36
60
90

4.

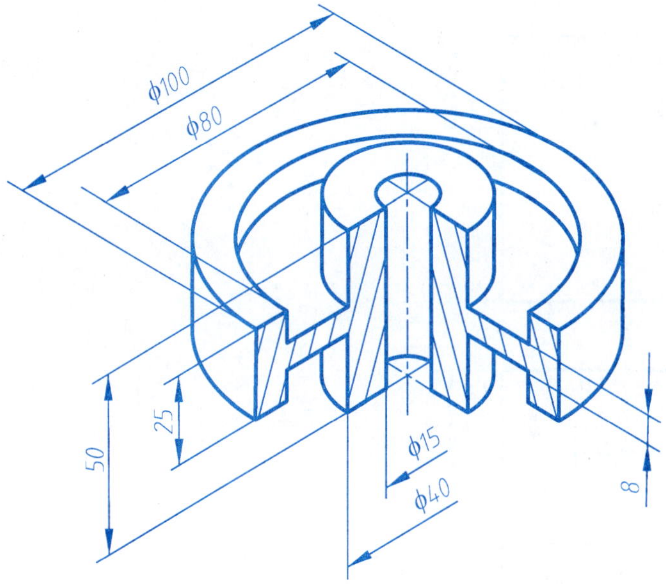

φ100
φ80
25
50
φ15
φ40
8

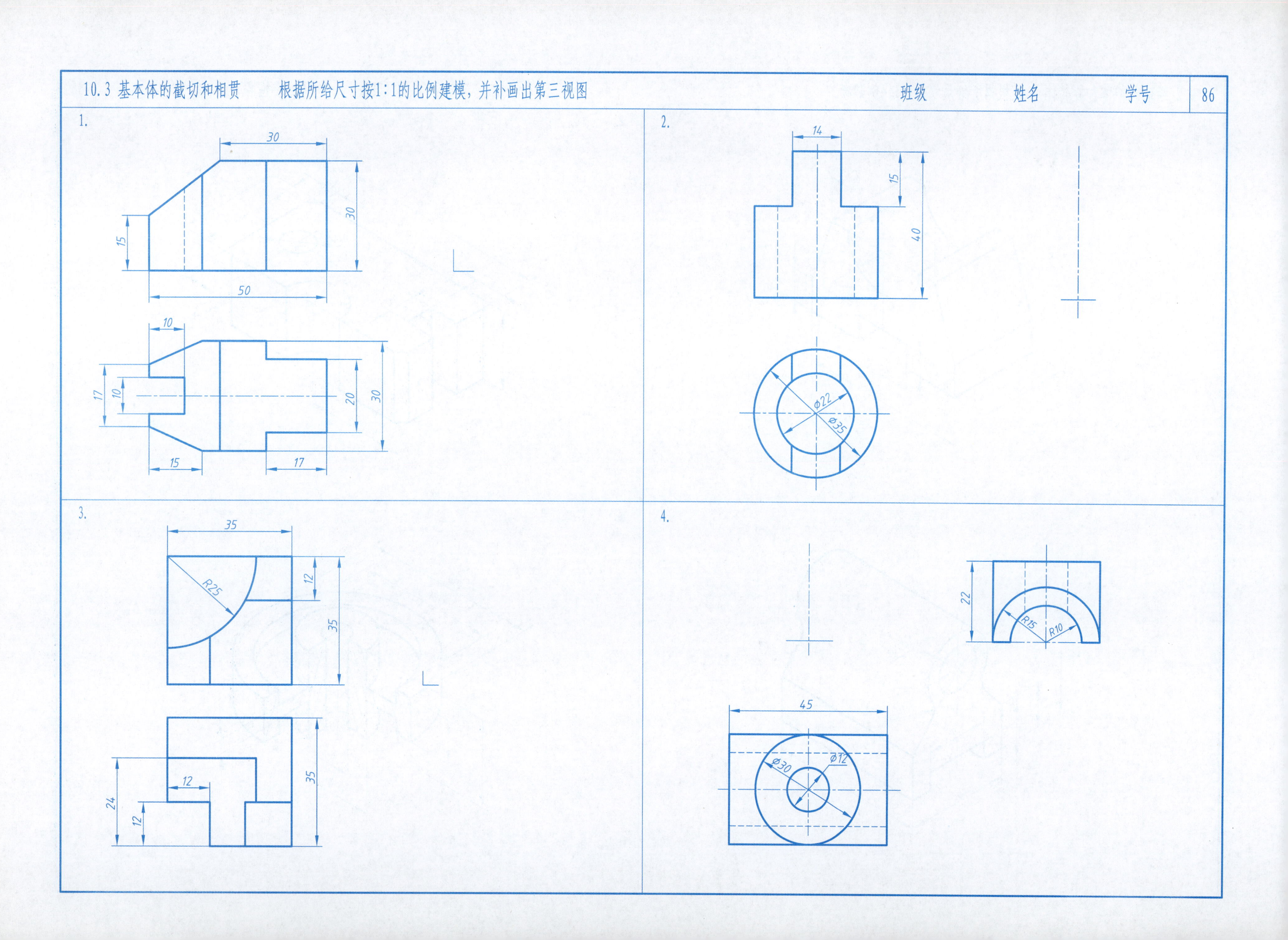
1.
30
30
15
50
10
17
10
20
30
15
17
2.
14
15
40
φ22
φ35
3.
35
R25
12
35
35
12
24
12
4.
22
R15
R10
45
φ30
φ12

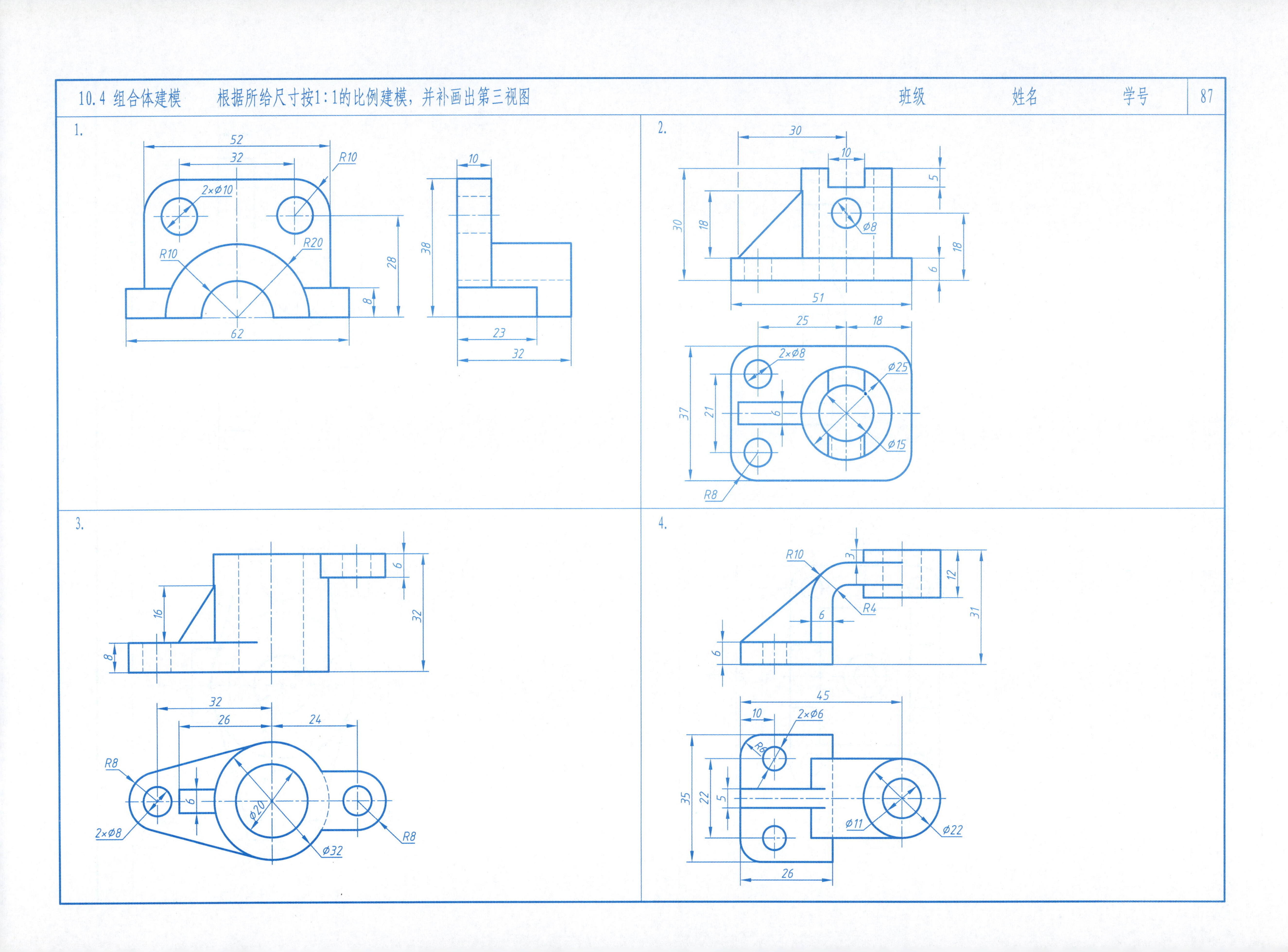
1.
52
32
R10
2×Φ10
R20
R10
28
8
62
10
38
23
32
2.
30
10
5
30
18
Φ8
18
6
51
25
18
2×Φ8
Φ25
37
21
6
Φ15
R8
3.
6
32
16
8
32
26
24
R8
6
Φ20
R8
2×Φ8
Φ32
4.
R10
3
12
R4
6
31
6
45
10
2×Φ6
R6
35
22
5
Φ11
Φ22
26

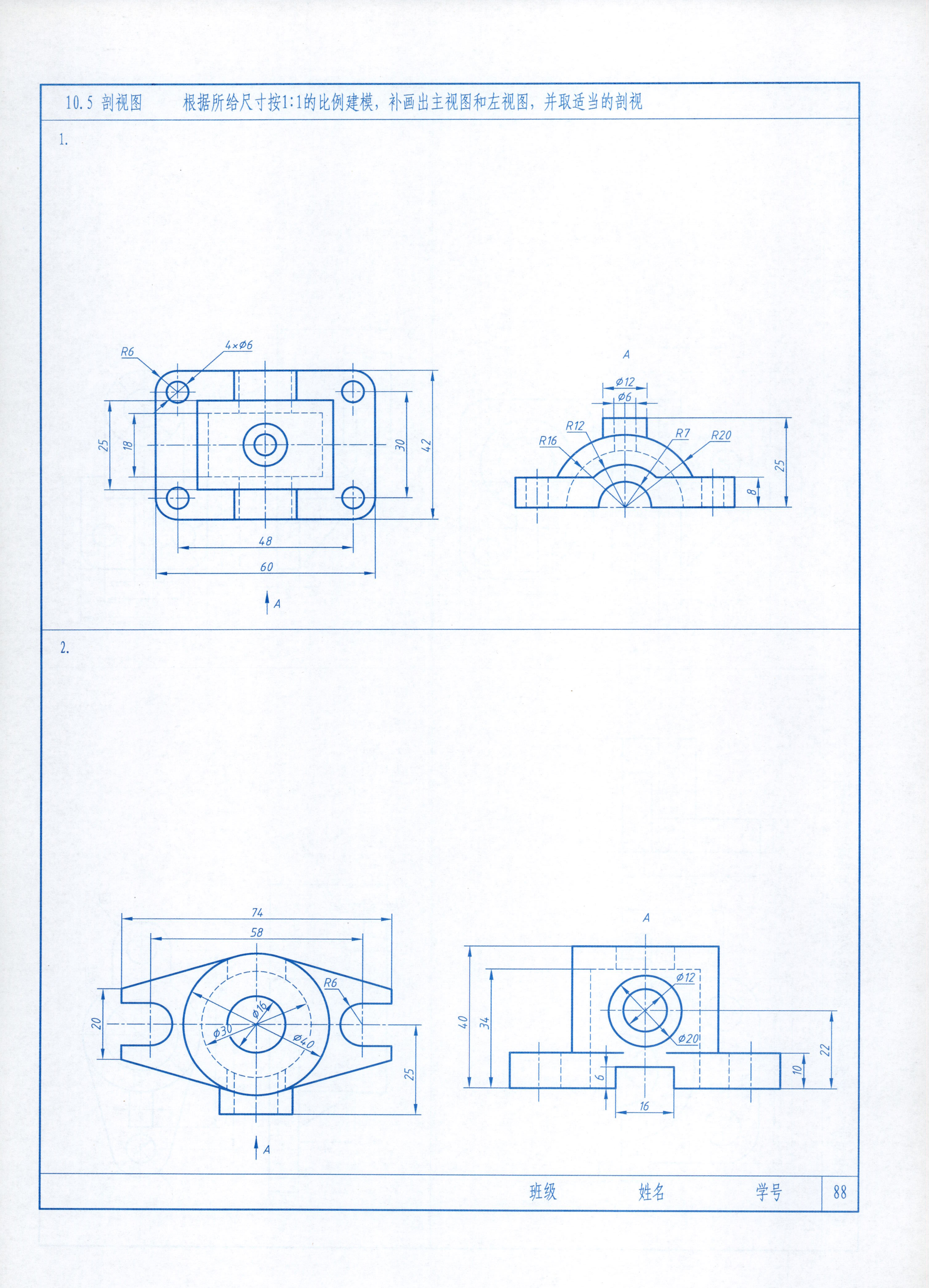

10.5 剖视图
根据所给尺寸按1:1的比例建模，补画出主视图和左视图，并取适当的剖视
1.
R6
4×Ø6
25
18
30
42
48
60
A
A
Ø12
Ø6
R12
R16
R7
R20
25
8
2.
74
58
R6
20
Ø16
Ø30
Ø40
25
A
A
Ø12
Ø20
40
34
22
10
6
16
班级
姓名
学号
88

10.5 剖视图　　根据所给尺寸按1:1的比例建模，补画出主视图和左视图，并取适当的剖视

班级　　姓名　　学号

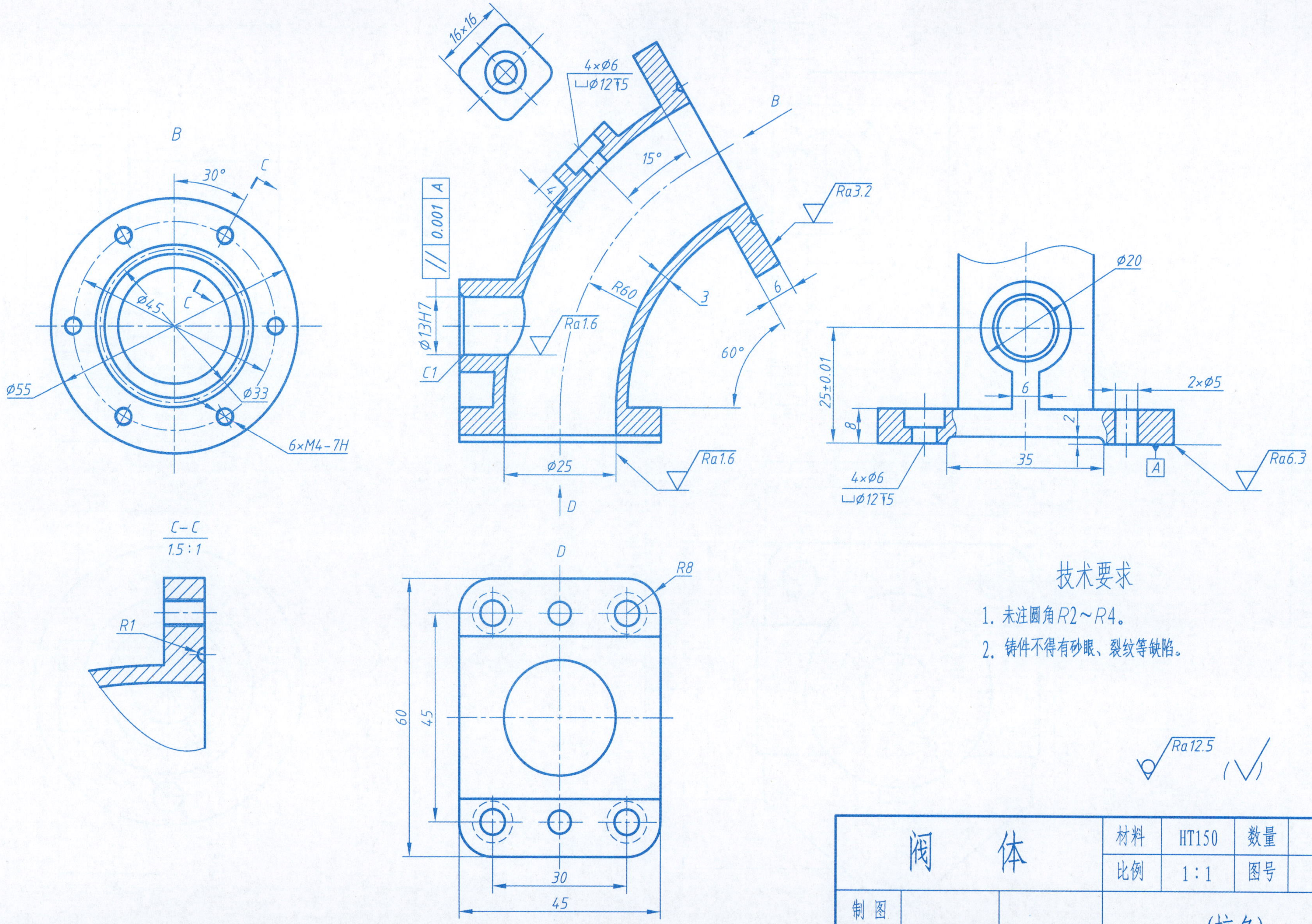

技术要求

1. 未注圆角R2~R4。
2. 铸件不得有砂眼、裂纹等缺陷。

Ra12.5 (√)

阀　体		材料	HT150	数量	1
		比例	1:1	图号	
制图			(校名)		
审核					

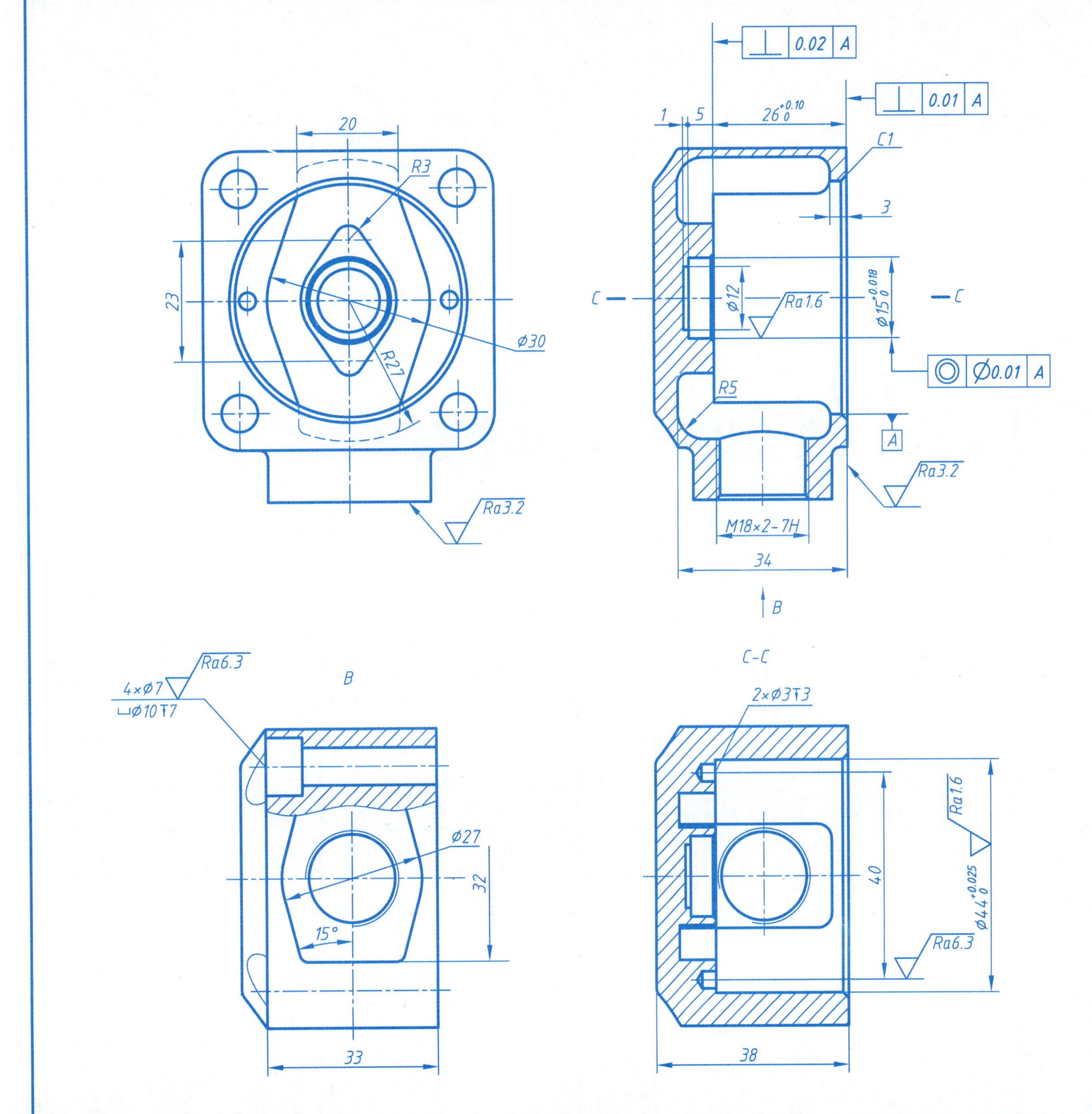

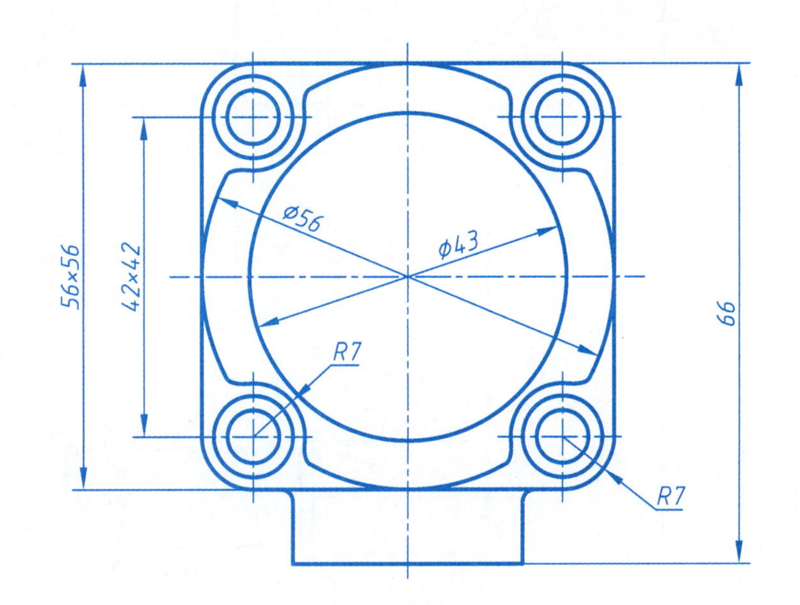

技术要求

1. 未注圆角$R2\sim R5$。
2. 未注倒角$C0.5$。
3. 铸件不得有气孔、砂眼、裂纹等缺陷。

泵　体	材料	HT200	数量	1
	比例	1:1	图号	
制图			（校名）	
审核				

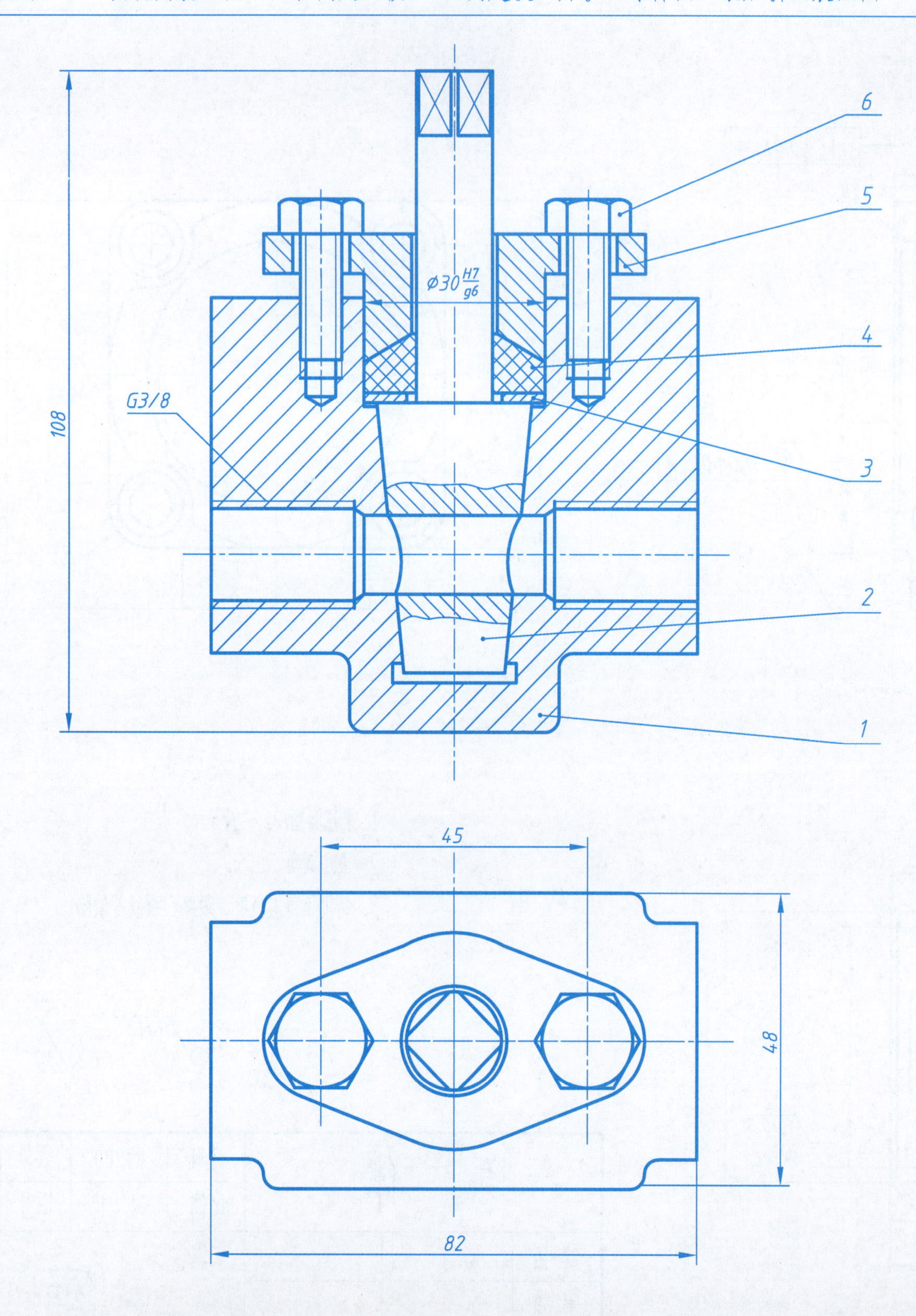

回答问题：

1. 该装配体的名称是＿＿＿，共有＿＿个零件组成。
2. 主视图采用的表达方法是＿＿＿。
3. 图中$\phi 30H7/g6$表示零件＿＿与零件＿＿的配合，其基本尺寸为＿＿＿，基＿制，＿＿配合。

序号	名称	数量	材料	备注
6	螺栓	2		M8×20 GB5780
5	填料压盖	1	35	
4	填料	1	石棉绳	
3	垫片	1	35	
2	阀杆	1	45	
1	阀体	1	HT150	

旋　阀		比例	1:1	01
		数量	1	
制图			（校名）	
审核				

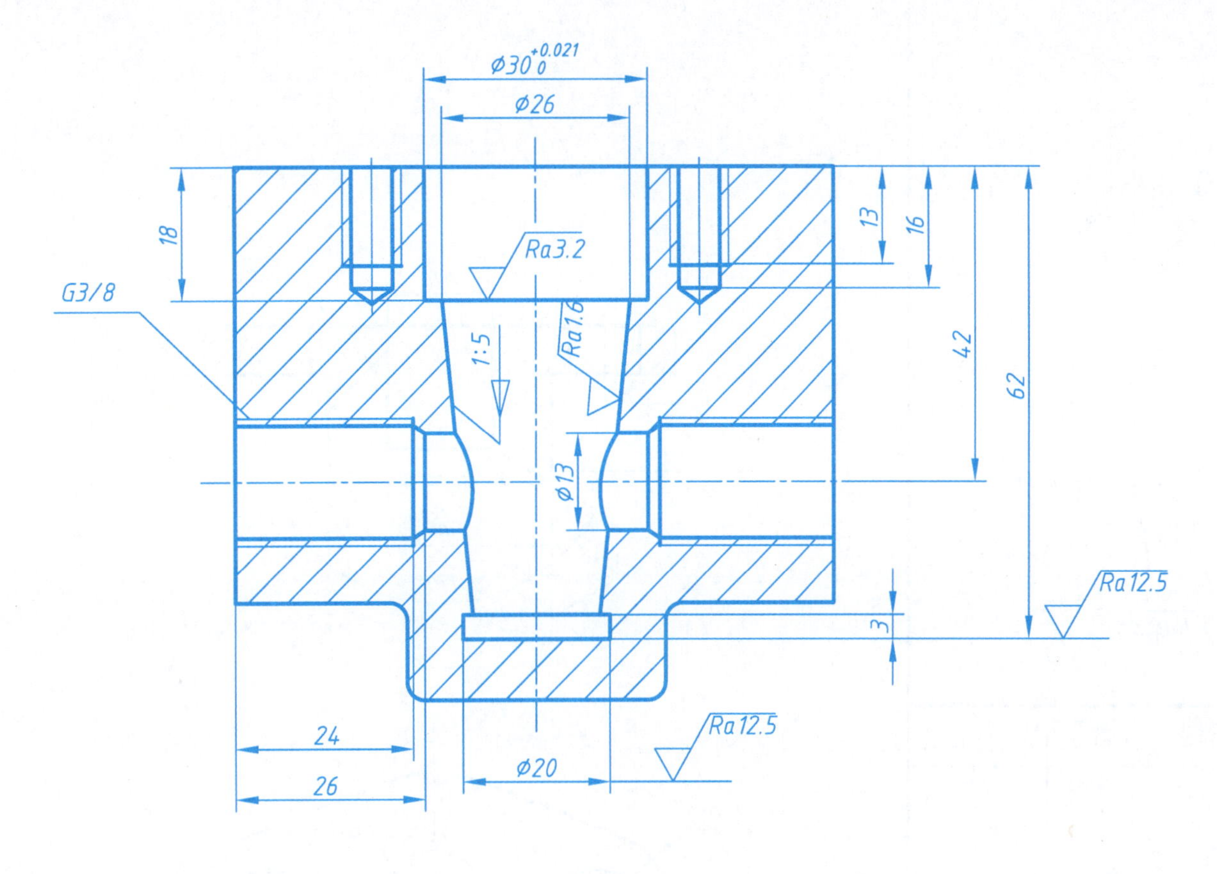

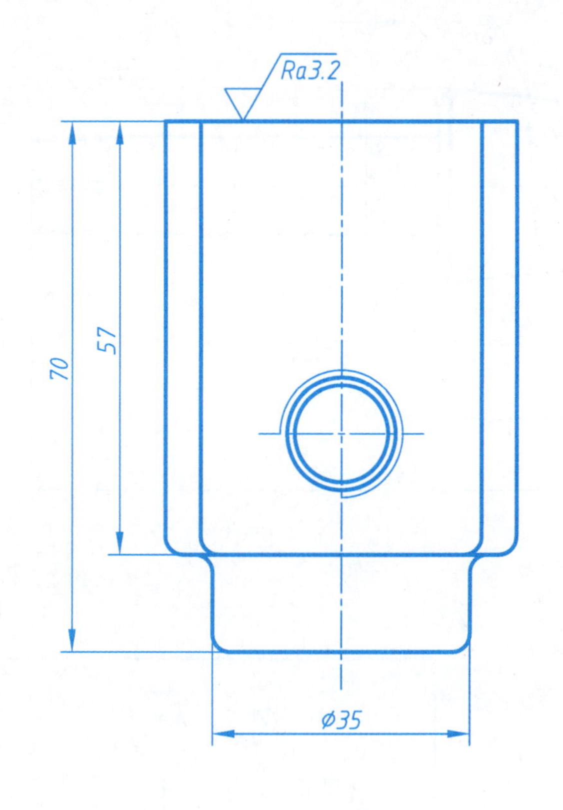

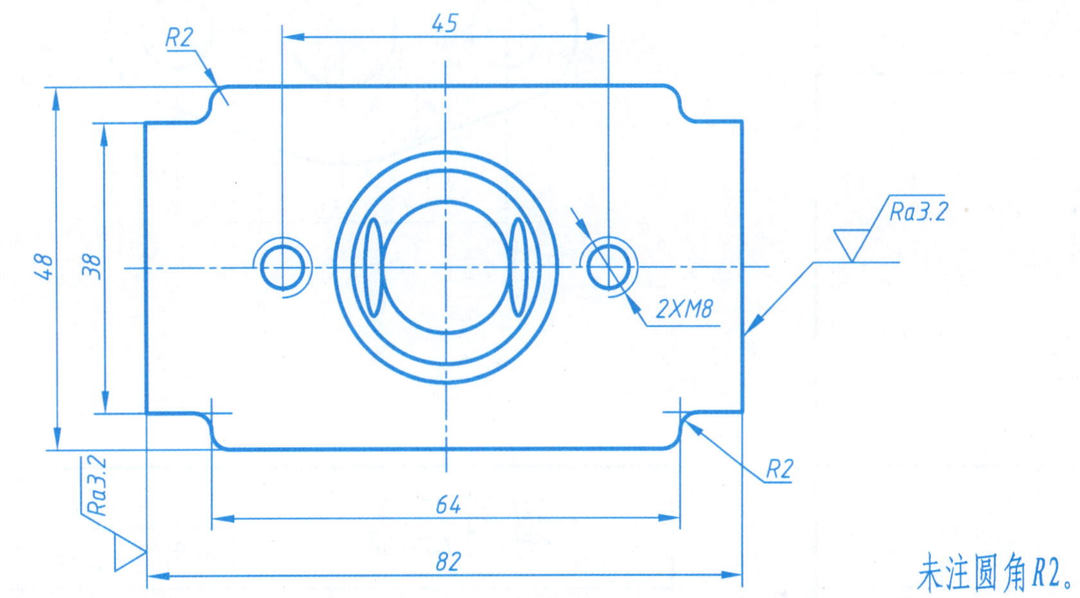

回答问题：

1. 零件中有__个螺纹孔，其代号是_____，含义是____。
2. 零件图中定位尺寸有__个，它们是_______________。
3. 零件图中表面结构要求最高的是____，Ra值为____。
4. 零件图中有极限偏差要求孔的公称直径为____，上偏差____，下偏差____。

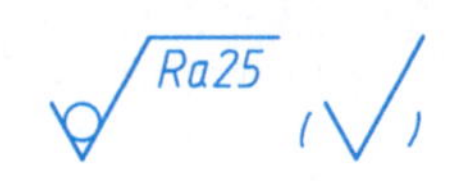

未注圆角R2。

阀　体		材料	HT150	数量	1
		比例	1:1	图号	01
制　图			(校名)		
审　核					

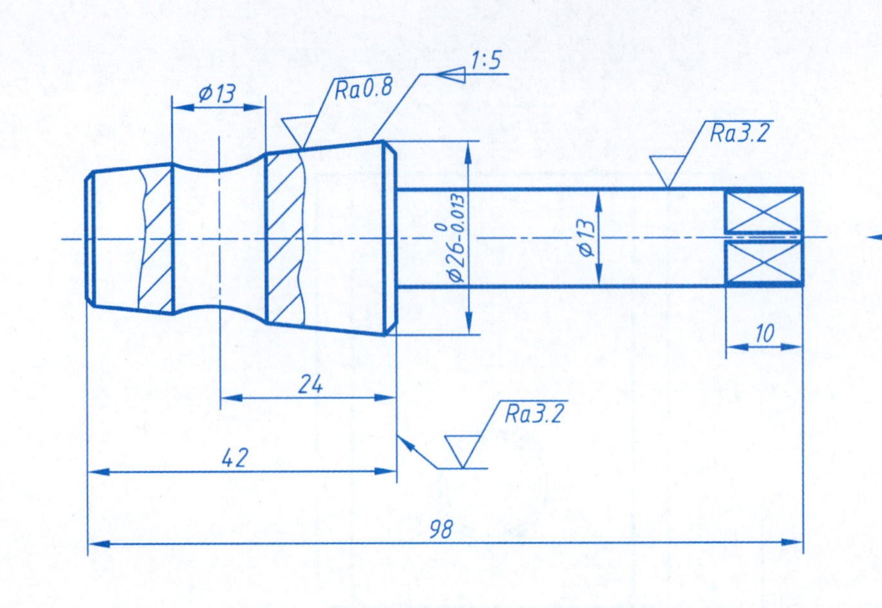

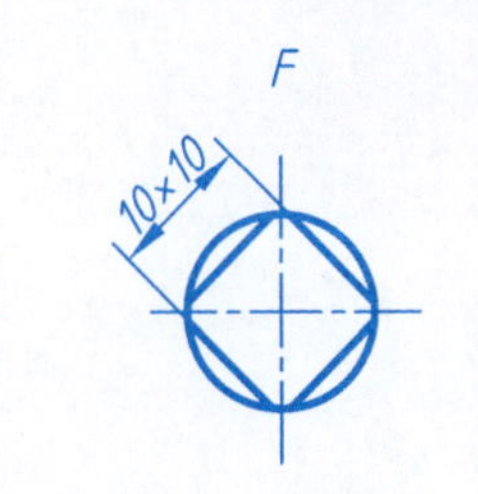

技术要求

1. 锥孔要与阀杆配研。
2. 全部倒角C1。

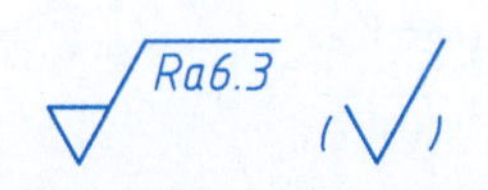

阀　杆			材料	45	数量	1
			比例	1:1	图号	02
制 图			(校名)			
审 核						

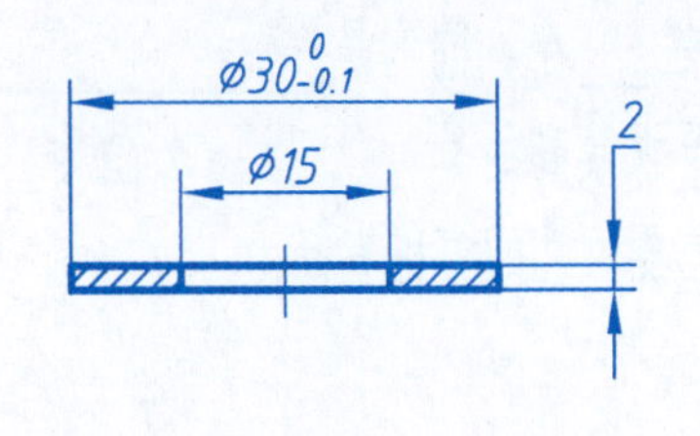

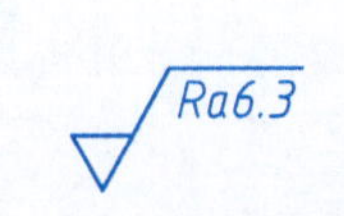

垫　片			材料	35	数量	1
			比例	1:1	图号	03
制 图			(校名)			
审 核						

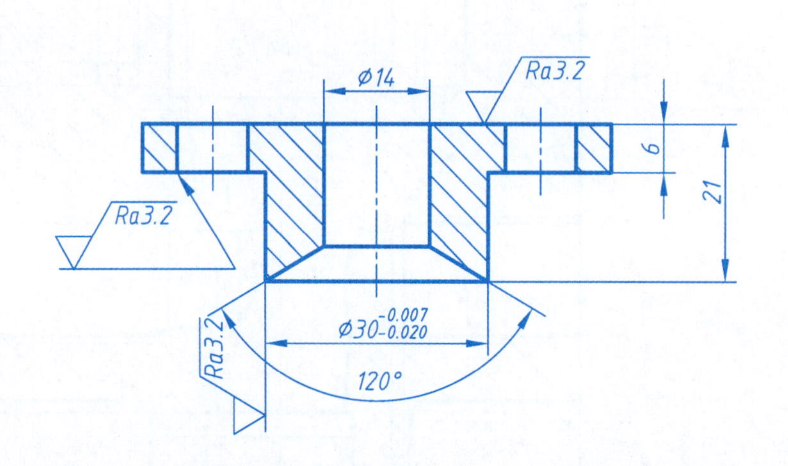

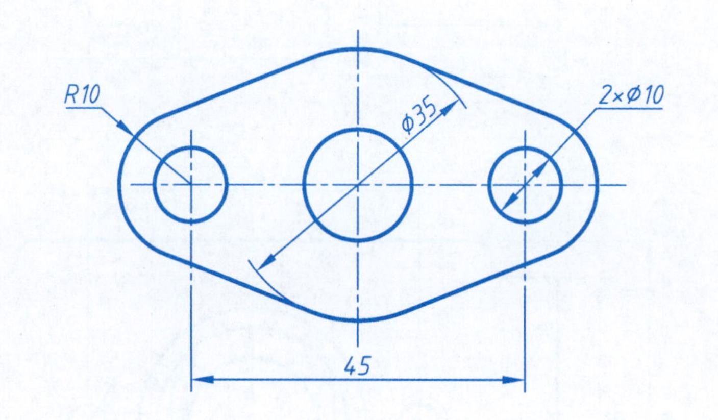

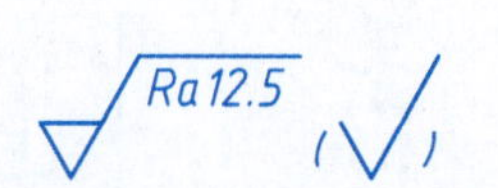

填料压盖			材料	35	数量	1
			比例	1:1	图号	05
制 图			(校名)			
审 核						

具体要求:

1. 根据截止阀各零件图创建零件模型。
2. 根据截止阀装配示意图和零件图拼画截止阀的装配工作图（采用恰当的表达方法，按1:1比例，完整清晰地表达截止阀的工作原理、装配关系，并标注必要的尺寸）。
3. 图纸幅面为A3。

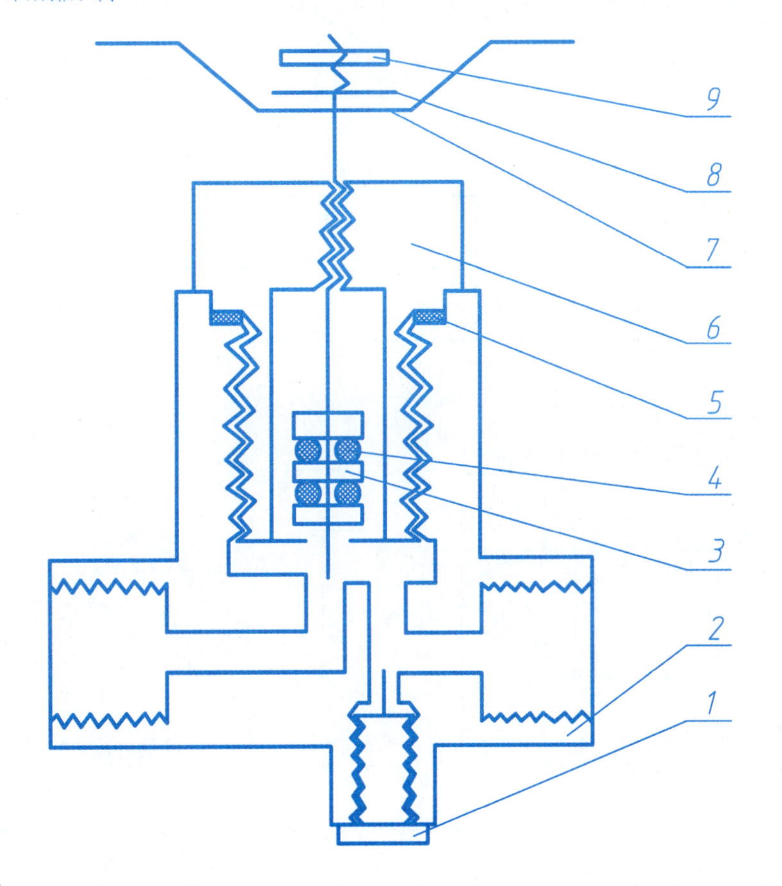

序号	名　称	件数	材　料	备　注
9	螺母 M12	1		GB/T 6170
8	垫圈 12	1		GB/T 97.1
7	手轮	1	胶木	
6	填料盒	1	35	
5	密封垫片	1	毛毡	
4	密封圈	2	橡胶	
3	阀杆	1	45	
2	阀体	1	HT15-33	
1	泄压螺钉	1	Q235	

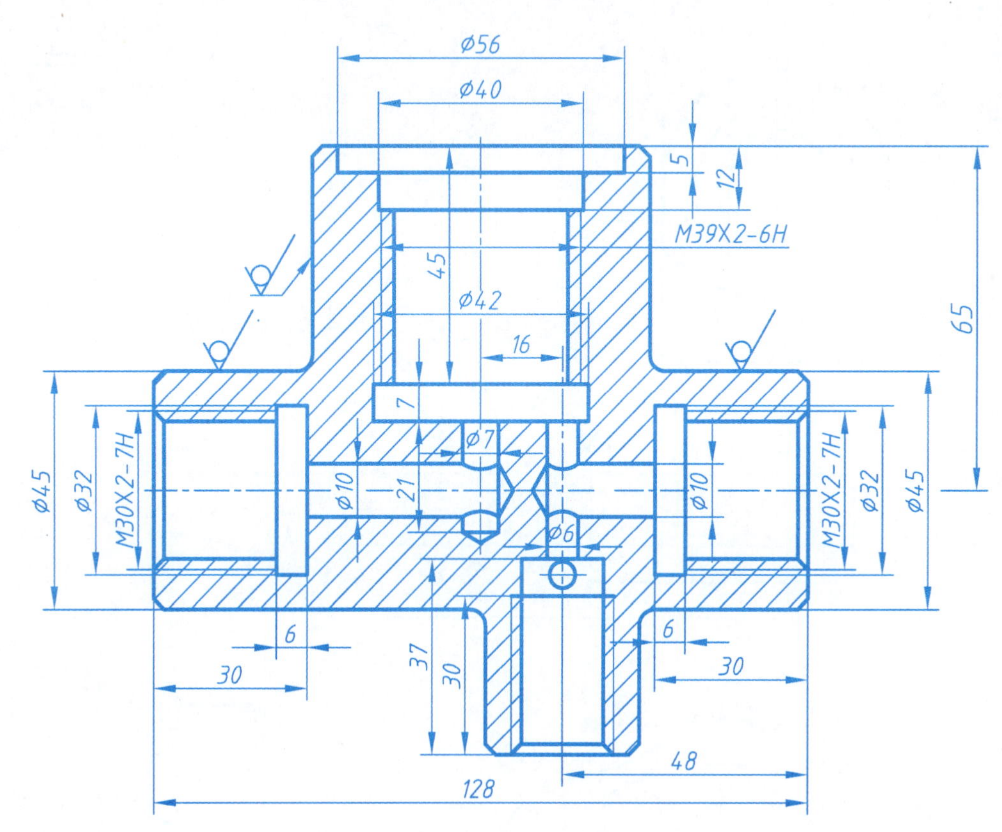

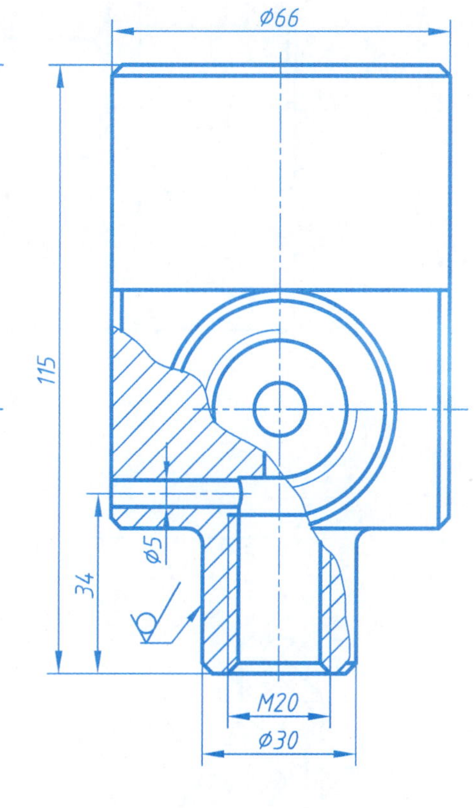

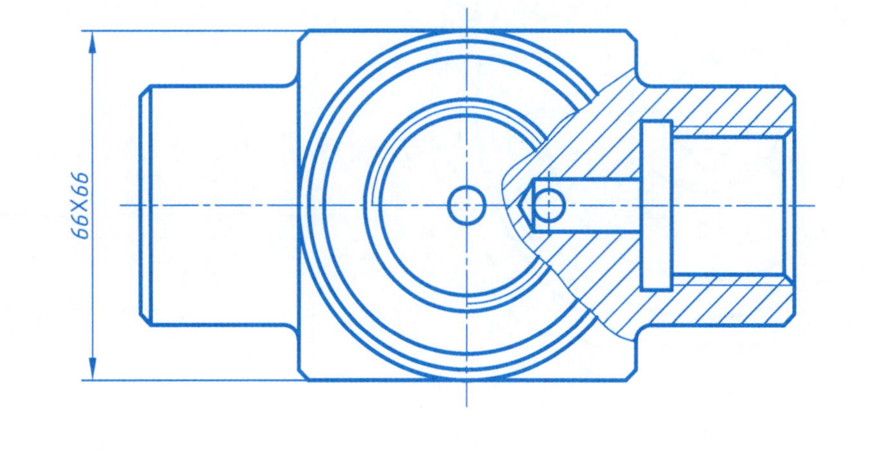

技术要求

1. 未注圆角R1~R3。
2. 未注倒角C2。

Ra12.5

Ra12.5

阀　体		材料	HT15-33	数量	1
		比例	1:1	图号	02
制　图		（校名）			
审　核					

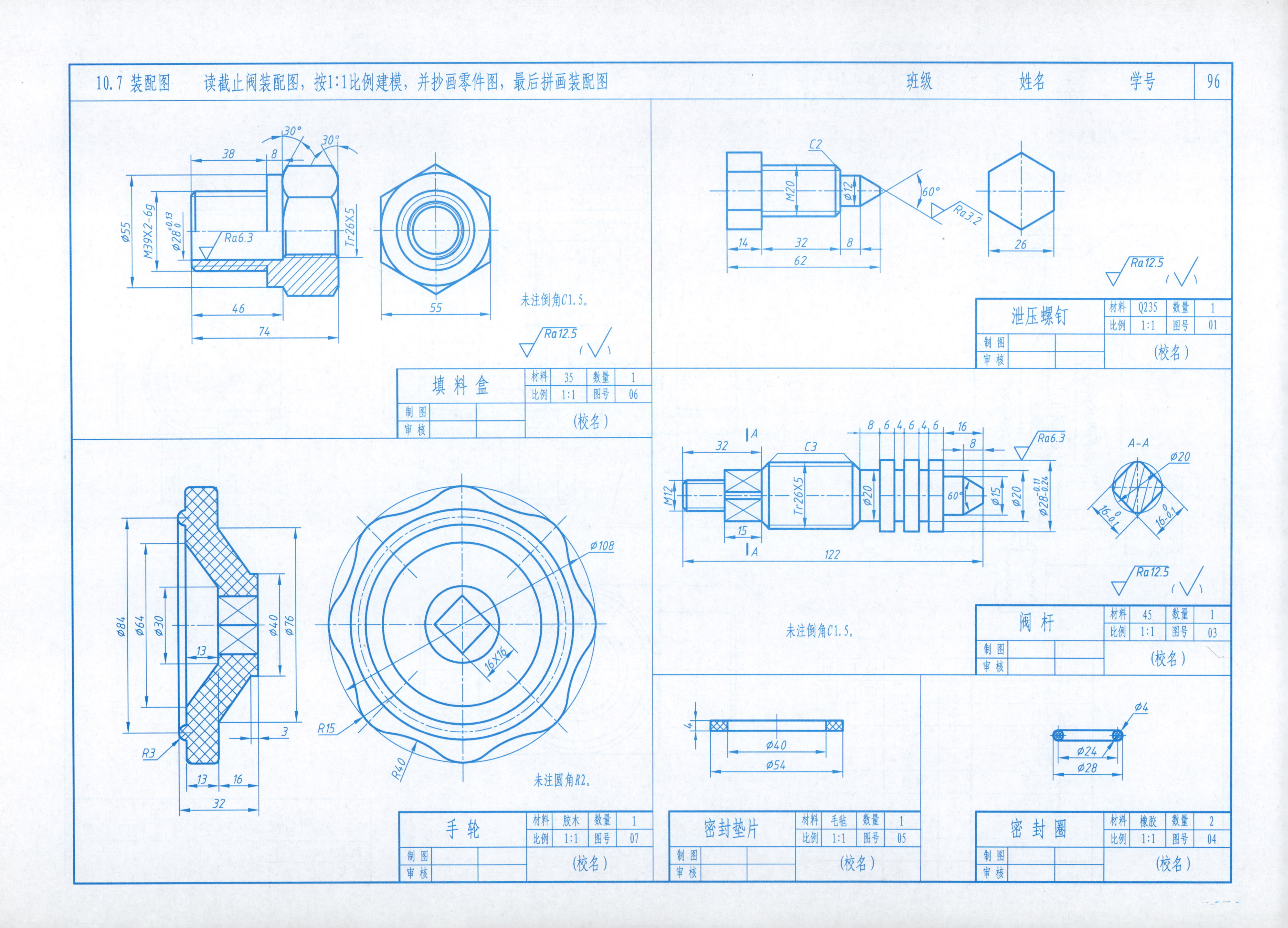

10.7 装配图
读截止阀装配图，按1:1比例建模，并抄画零件图，最后拼画装配图
班级
姓名
学号
96
38
8
30°
30°
Ø55
M39X2-6g
Ø28+0.13 0
Ra6.3
Tr26X5
46
74
55
未注倒角C1.5。
Ra12.5
填 料 盒
材料
35
数量
1
比例
1:1
图号
06
制 图
审 核
(校名)
C2
M20
Ø12
60°
Ra3.2
14
32
8
62
26
Ra12.5
泄压螺钉
材料
Q235
数量
1
比例
1:1
图号
01
制 图
审 核
(校名)
8 6 4 6 4 6
16
8
Ra6.3
A
32
C3
M12
Tr26X5
Ø20
60°
Ø15
Ø20
Ø28-0.11 -0.24
15
122
A-A
Ø20
16-0.1 0
16-0.1 0
未注倒角C1.5。
Ra12.5
阀 杆
材料
45
数量
1
比例
1:1
图号
03
制 图
审 核
(校名)
Ø84
Ø64
Ø30
13
Ø40
Ø76
3
R3
13
16
32
Ø108
16X16
R15
R40
未注圆角R2。
手 轮
材料
胶木
数量
1
比例
1:1
图号
07
制 图
审 核
(校名)
4
Ø40
Ø54
密封垫片
材料
毛毡
数量
1
比例
1:1
图号
05
制 图
审 核
(校名)
Ø4
Ø24
Ø28
密 封 圈
材料
橡胶
数量
2
比例
1:1
图号
04
制 图
审 核
(校名)